The Story of Trees

나무 이야기

1판 1쇄 발행 2020년 6월 29일
1판 3쇄 발행 2022년 9월 2일

지은이 케빈 홉스, 데이비드 웨스트
일러스트 티보 에렘
옮긴이 김효정
펴낸이 김기옥

실용본부장 박재성
편집 실용2팀 이나리, 장윤선
마케터 이지수
판매 전략 김선주
지원 고광현, 김형식, 임민진

디자인 푸른나무디자인
인쇄 민언프린텍
제본 우성제본

펴낸곳 한스미디어(한즈미디어(주))
주소 121-839 서울시 마포구 양화로 11길 13(서교동, 강원빌딩 5층)
전화 02-707-0337 | 팩스 02-707-0198 | 홈페이지 www.hansmedia.com
출판신고번호 제 313-2003-227호 | 신고일자 2003년 6월 25일

ISBN 979-11-6007-497-0 03480

책값은 뒤표지에 있습니다.
잘못 만들어진 책은 구입하신 서점에서 교환해드립니다.

나무 이야기

The Story of Trees

나무는 어떻게 우리의 삶을 바꾸었는가

케빈 홉스, 데이비드 웨스트 지음 | 일러스트 티보 에렘

김효정 옮김

한스미디어

Contents

서문

알렉산드라 웨그스태프 박사Dr. Alexandra Wagstaffe
(작물생리학자, 에덴 프로젝트 학위 과정Eden Project Learning 원예학 강사)

충실한 조사를 바탕으로 집필한 《나무 이야기》는 정겨운 친구들과의 만남처럼 친숙한 나무들에 얽힌 우리의 추억을 되살려준다. 또 한편으로는 우리에게 다소 생소한 나무들의 특성과 역사를 소개하며 흥미를 자아낸다. 식물을 잘 아는 사람이든 식물에 대해 잘 모르지만 우연히 이 멋진 책을 접하게 된 사람이든 이 책을 읽다 보면 강렬한 호기심을 느낄 수밖에 없다. 나무의 가치와 지구상의 생명체들을 위해 나무가 하는 역할에 관해 누구든 의문을 품을 수 없을 테니 말이다.

《나무 이야기》는 정보 제공과 스토리텔링 사이에서 절묘하게 균형을 유지하고 있다. 각각의 나무에 대한 흥미진진한 식물학적 지식을 제시하고, 시대에 따른 지리적 분포의 변화를 확인하고, 그 나무가 우리의 삶을 어떻게 바꾸었는지를 증명하는 유쾌한 일화들을 매끄럽게 덧붙인다. 케빈 홉스와 데이비드 웨스트는 세계 곳곳을 오가며 직접 확인한 사실들을 바탕으로 나무라는 소재를 경쾌하게 다룬다. 현대판 식물 사냥꾼이라 할 수 있을 두 사람은 인류에게 식물의 존재가 얼마나 소중한지를 폭넓게 인식하고 있어 모든 대륙을 아우르는 민족식물학을 쉽고 재미있는 이야기로 승화시킨다. 나무를 주인공으로 내세운 이야기들은 연대순으로 전개되면서 이 나무들이 인류의 삶에 어떤 기여를 했는지 분명히 보여준다.

'인간이 태곳적부터 섭취한 최고의 건강식품'으로 최근 풍부한 오메가3 지방과 항산화제 함량으로 관심을 끌게 된 호두나무*Juglans regia*에 대해서도 흥미로운 이야기가 펼쳐진다. "호두에 대한 가장 최초의 기록은 현재의 이라크인 메소포타미아 칼데아 사람들이 남겼다. 고대 점토판에는 BC 2000년경 바빌론의 공중 정원에 자라던 호두나무를 명확히 기록하고 있다." 유럽을 떠나온 이민자 사회의 일원으로 현재의 이라크에서 성장한 내게 메소포타미아의 영향력을 짐작하게 하는 역사 문헌은 무척 매력적으로 다가왔다. 다른 독자들도 나처럼 자신의 삶에 직접적인 영향을 준 나무들의 이야기에 깊이 매혹되리라 확신한다.

24년간 작물생리학과 식물과학 분야에 몸담으면서 나무에 대한 내 관심은 대체로 나무가 어떻게 기능하는가 같은 생리적 주제에 집중되었다. 캘리포니아삼나무*Sequoia sempervirens*처럼 세상에서 키가 가장 큰 나무들은 물을 뿌리에서 꼭대기의 이파리까지 전달하려면 약 120m의 수직 거리를 이동시켜야 한다. 그야말로 경이로운 이 과정은 해부학적 적응, 경로, 차동압력의 복합적인 상호작용으로 실현된다. 그러나 놀라움은 나무의 복잡한 과학적 특성들에서 그치지 않는다. 나무는 그 존재만으로도 우리에게 경외감을 안겨준다. 수백 년간, 때로는 수천 년간 주위에서 일어나는 일들을 지켜본 나무 밑에 서 있을 때 우리는 인간으로서 외경심을 느낀다.

여러 문화권과 공동체 안에서 나무가 하는 역할은 '바이오필리아Biophilia'라 불리는 자연계와 인간의 생래적 관계로 설명할 수 있다. 미국의 박물학자 에드워드 윌슨Edward O. Wilson은 1984년에 처음으로 이 개념을 '다른 형태의 생명체와 연결되고자 하는 욕구'로 정의했다. 이 철학은 과학적 탐구와 정신적 탐구의 경계를 넘어《나무 이야기》에서 조화롭게 결합되었다. 이 책에서 저자들은 나무의 특성들을 여러 시대에 걸친 인간의 역사와 연결 지어 그 중요성을 설득력 있게 전달하고 있다.

들어가는 말

케빈 홉스

나무와 식물계는 우리 인류가 생존하고 발전하는 데 꼭 필요하다. 숨 쉬는 공기에 식물이 어떤 영향을 주는지 모르는 사람은 거의 없겠지만 선조들과 현대인의 삶에 나무가 얼마나 중요한 역할을 해왔는지 제대로 인식하고 있는 사람은 드물다. 나무는 이 글이 인쇄된 종이를 제공했고, 커피를 만드는 원두를 우리에게 선사했으며, 집과 가구의 주재료가 되어 우리의 삶을 편안하게 해준다. 우리는 화석 연료로 달리는 차를 타고 고무로 만든 타이어를 굴리며 가로수가 즐비한 거리를 돌아다닌다. 우리의 장바구니에도 과일과 견과류, 허브, 양념, 코르크 마개로 밀봉된 와인 병 등 나무 제품이 가득하다. 나무를 먹고 사는 벌레가 만들어낸 수지樹脂로 집에 광택을 내고 나무 수액에서 얻은 흰 용제를 써서 나무 손잡이 솔을 씻는다. 의약품, 화장품, 의류 등 나무를 이용하는 제품을 일일이 열거하려면 끝이 없다. 우주선의 단열재 속 코르크 껍질이 증명하듯 기술이 고도로 발달한 현대에도 인간과 나무의 관계는 끈끈하게 이어지고 있다.

현대인과 달리 자연과 훨씬 가까웠던 옛 조상들은 나무라는 천연자원을 충분하면서도 지속 가능하게 이용했다. 많은 사람이 나무에서 엄청난 문화적·종교적 의미를 찾고 나무를 신이 주는 선물이나 신을 대신하는 존재로 인식한다. 나무에 대한 숭배는 고대 사회에서 뚜렷이 표현되었고 오늘날까지도 여러 문화권에 존속한다. 여러 문명과 국가는 그들이 가진 자원이나 다른 지역에서 들여온 자원의 교역을 밑거름으로 하여, 풍요와 궁극적인 성공을 일궜다. 육지와 해양의 교역로는 지식의 전파와 식물 원료의 보급에 기여했다. 기후 조건만 허락한다면 나무는 원래의 분포 범위를 벗어나 세계 곳곳으로 멀리 뻗어나갔고 자연 교배나 인공 교배의 대상이 되기도 했다.

나무는 인간이 자원을 지배하기 위해 최초로 재배한 작물에 속한다. 목재나 부산물 때문에 인간의 표적이 된 나무들은 뜻하지 않은 불행한 운명을 맞기도 했다. 인간의 파괴적인 과잉 채취로 그런 나무들은 존재 자체를 위협받게 되었다. 여러 문명권과 국가들은 이 귀중한 물자를 장악하고자 경쟁을 벌였다. 나무와 나무 제품을 둘러싼 쟁탈전 속에서 토착 주민들도 큰 희생을 겪었다. 강대국과 대기업들이 통제권을 두고 다툼을 벌이면서 엄청난 잔학 행위와 탄압이 계속되었기 때문이다. 시장의 안정화를 위해 나무들을 원산지에서 멀리 떨어진 식민지에 재배하는 사례가 늘면서 생태계의 균형이 위협받아야 했다.

오늘날 환경에 관한 관심과는 별도로 나무 제품에 대한 전 세계의 수요는 지속적으로 증가하고 있다. 과거보다는 개화된 시대라는 지금도 재배된 나무 또는 자연 상태의 나무를 관리하는 방식이 상당히 잘못되었다. 우리가 직면한 가장 큰 문제로 외래종의 침입, 해충과 질병의 확산, 산불의 발생 등을 꼽을 수 있다. 그러나 조금 긍정적으로 바라보면 기후 변화 속에서도 나무를 현명하게 이용할 수만 있다면 대단한 기회와 혜택을 누릴 가능성이 있다. 특히 산업이 제한된 지역에서 생물 다양성을 관리해 지속 가능한 수익을 창출하는 데 성공한 사례는 얼마든지 찾을 수 있다.

현대 과학은 식물과 나무의 과거와 현재에 얽힌 놀라운 사실들을 꾸준히 밝히고 있다. 가장 오래되었다고 알려진 나무는 3억 8500만 년 전에 홀씨에서 자라난 원시적인 양치식물 와티에자*Wattieza*다. 화석식물학자들은 오래전에 멸종한 이 나무를 9m 키에 야자수를 닮은 모습으로 재현했다. 공룡보다 1억 4000만 년이나 먼저 등장한 와티에자 같은 원시 육상 식물들은 대기에서 이산화탄소를 제거해 육상 동물과 곤충의 진화에 적합한 조건을 만들었다. 식물생리학에 대한 이해가 한층 더 깊어지면서 이웃 나무가 곤충에 감염되었음을 감지하거나 잠재적 경쟁을 의식해 생화학전을 벌이는 등 나무의 복잡 미묘한 특성을 드러내는 예가 풍부하게 드러났다. 하지만 나무의 그런 능력에 관해 연구해야 할 과제는 아직 많이 남아 있다.

약 39만 1000종으로 추정되는 세상의 관다발 식물 가운데 4분의 1 정도만 나무로 볼 수 있다. 알려진 종은 많으나 제대로 연구된 종은 거의 없고 앞으로 밝혀야 할 사실도 얼마든지 있다. 우리는 미래 세대를 위해 세상의 자연 서식지를 꼭 보존해야 한다. 비교적 최근에 발견된 올레미소나무*Wollemia nobilis*를 들어보자. 1994년 호주 시드니에서 겨우 150㎞ 떨어진 곳에서 발견된 이 나무는 칠레소나무와 친척 관계에 있는 새 종으로 드러났다. 좁은 협곡에 두 줄로 서 있던 이 나무의 수는 채 40그루가 되지 않았다. 이듬해에 조직 배양 실험실에서 증식에 성공하면서 이 특별한 침엽수는 전 세계의 온대 기후나 그보다 따뜻한 지역의 정원에서 자라게 되었다.

우리는 이 책을 통해 나무에 대해 애정을 품고 있는 사람들은 물론 나무의 존재를 당연히 여기는 사람들에게도 지식과 깨달음을 주기를 희망한다. 《나무 이야기》는 우리의 이야기인 동시에 선조들의 이야기다. 특정 지역이나 전 세계에서 가장 중요하게 인식되는 나무들과 우리의 관계에 관한 이야기이기도 하다. 수많은 나무 가운데 우리는 지금까지와 앞으로도 인류에게 문화적·실용적으로 큰 가치를 전해줄 나무를 선별하려 애썼다. 300~500만 년 전에 갑작스럽게 냉기가 강타하면서 마지막 나무 한 그루마

저 자취를 감춘 남극 대륙을 제외하고 모든 대륙의 나무들을 다뤘다. 이 멋진 나무들은 인류와 처음 의미 있는 관계를 맺은 대략적인 연대에 따라 제시된다. 17만 1000년 전 네안데르탈인들이 만든 회양목 도구부터 19세기 골프채에 쓰인 감나무까지 다양한 시대의 나무들을 독자들에게 소개한다. 모든 나무의 키, 성장 속도, 수명을 표시했고 고도와 토양 유형 등의 변수를 포함한 서식 범위의 자연조건도 밝혔다.

오늘날 세계 인구의 많은 비율이 도시에 살고 있어 도시 녹화의 필요성은 더욱 커졌다. 나무와 식물은 보기에 아름다울 뿐 아니라 사회적 행동과 정신 건강에도 긍정적인 영향을 준다. 또 식물은 생물 다양성에 기여하고 햇볕에 달궈진 아스팔트에 잎의 차양으로 시원한 그늘을 드리우며 쉴 새 없이 공기를 정화한다.

나무에 대한 한층 깊은 지식, 존중, 관심은 우리가 현관문을 나서는 순간부터 시작되며, 나무의 이야기는 우리와 밀접하게 얽힌 채 영원히 이어질 것이다.

올레미소나무 *Wollemia nobilis*

Ginkgo biloba (은행나뭇과)
은행나무 MAIDENHAIR TREE

희망의 전령

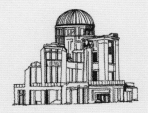

낙엽침엽수로 분류되는 은행나무는 참 놀라운 식물이다. 가을이면 우수수 떨어져 내리는 고운 빛깔의 낙엽은 '비처럼 쏟아지는 황금'에 비유된다. 무엇보다 은행은 고릿적 모습을 2억 년이나 변함없이 간직한 채 살아남은 유일한 나무다. 공룡의 시대인 중생대와 현재를 연결하므로 '살아 있는 화석'이라 불릴 만하다.

자연 상태에서 멸종 위기에 처했지만 중국 저장성의 티엔무산에는 은행나무가 여전히 자생하며 널리 재배도 되고 있다. 불교, 유교, 신도神道(일본의 토착 민족 종교로 애니미즘과 범신론 등의 특성을 갖는다-옮긴이) 사원의 안뜰에 자라는 은행나무는 영물로 인식되었고 수령이 1000년 이상으로 추정되는 개체도 간혹 있다. 비교적 최근에는 그 탁월한 적응력을 증명하는 사건이 일어났다. 히로시마에 원자 폭탄이 떨어지고 얼마 지나지 않아 폭발 중심지로부터 불과 1㎞ 거리 내에 있던 최소 6그루의 은행나무가 되살아난 것이다. 이런 자연의 기적이 나타나자 일본에서 은행나무는 '희망의 전령'으로 여겨져 신성한 존재로 더욱 굳건히 자리매김했다.

버찌를 닮은 담황색의 독특한 종자는 가을철에 암그루에서 성숙한다. 열매는 고약한 냄새를 풍기는 미끌미끌한 과육으로 악명이 높다. 열매를 채취해 물에 담가두면 흰 겉껍질 속에 든 과육을 꺼낼 수 있다. 겉껍질을 건조하면 갈라지면서 식용으로 쓰이는 초록빛 속살이 드러난다. 일본에서는 이 알맹이를 구워 소금이나 설탕을 뿌려 먹는다. 알코올의 효과를 완화해준다고 알려진 은행은 술집에서 안주로 제공되기도 한다. 그러나 해로운 신경독소를 함유하고 있어 소량 섭취해야 한다.

유럽에서는 18세기에 관상용으로 처음 도입되었다가 가로수로 인기를 얻게 되었다. 구린내를 풍기는 종자를 피하려고 수그루만 심었지만 어쩌다 암그루도 섞여 자라났기에 당연히 지역 주민들의 환영을 받지 못했다.

다른 명칭
공손수公孫樹, 백과목白果木, 압각수鴨
脚樹, 행자목杏子木, Ginkgo tree

원산지
중국 저장성

기후 + 서식지
다습한 온대 기후 지역의 비옥한 토양
에 널리 분포

수명
최소 1000년 이상

성장 속도
연간 30~50㎝

최대 높이
35m

한자어 은행銀杏은 '은빛 살구'라는 뜻.
중국에서는 주로 혼례 때 먹는
상서로운 음식으로 여긴다.

주목의 선홍색 과육은 유일하게
독성이 없는 부분이다.

다른 명칭
서양주목, 유럽주목, Common yew,
European yew

원산지
북아프리카, 서아시아, 유럽

기후 + 서식지
온대나 아열대 기후의 다양한 토질을
견딘다. 밀도가 높거나 낮은 혼효림混淆
林의 석회석에서 가장 흔히 발견된다.

수명
500년. 5000년 이상으로 추정되는 사
례도 있다.

성장 속도
연간 10~20㎝

최대 높이
20m

Taxus baccata (주목과)

주목 YEW

묘지의 수호자

신비와 전설의 나무 주목은 유럽에서 가장 수명이 긴 수종에 속한다. 그루마다 각기 개성이 다르다. 주름진 가지와 몸통, 노출된 뿌리는 멋지게 꼬인 형태로 자란다.

웨일스 포이스 지역의 디핀노그 마을, 세인트 사이노그 교회 묘지에 사는 주목은 나이가 무려 5063살이다. BC 3045년경에 심었다고 하니 이집트 기자의 대피라미드가 건설되기 500년 전부터 세상에 존재했던 셈이다. 주목으로 만든 가장 오래된 유물은 40만 년 전에 제작되었다. 런던 북동부 해안 마을의 구석기 퇴적물에서 발견된 클랙턴 스피어 Clacton Spear는 세계 최초의 목재 도구로 인정받고 있다.

이집트·로마·그리스에 걸친 고대 지중해 문명에서 주목은 죽음을 상징했다. 셰익스피어의 《리처드 2세》에는 "갑절로 치명적인 주목"이라는 표현이 등장한다. 독성이 있는데다 수 세기 동안 창과 활의 재료로 쓰였기 때문이다. 아쟁쿠르 전투(1415년 영국군이 프랑스를 대파한 전투-옮긴이)에서 힘센 궁수의 손에 들려 있던 주목 활은 화살을 250m 너머로 날려 보낼 만큼 유연하고 강력했다. 잉글랜드를 철저히 무장할 목적으로 헨리 4세는 관리들에게 사유지의 주목을 벨 수 있는 권한을 주었다.

주목은 교회 묘지에서 흔히 발견되는데 개중에는 교회 건물보다 오래된 개체들도 적지 않다. 초기 그리스도교는 드루이드교(고대 켈트족의 종교로 영혼 불멸, 영혼, 전생을 믿는 다신교-옮긴이) 기원이든 켈트 기원이든 가리지 않고 이교도의 장소와 상징, 축제를 수용했기 때문이다. 신앙심이 깊은 그리스도교도들은 종려주일(부활절 전 주 일요일에 해당하는 축일로, 나귀를 타고 예루살렘에 입성한 예수를 환영하기 위해 군중이 종려나무 가지를 흔들었다는 복음서 구절에 근거한다-옮긴이)에 종려나무 대신 주목을 쓰기도 했다.

아쉽게도 이 나무를 자연 수형 그대로 정원이나 넓은 조경 공간에 심는 경우는 드물다. 주목의 다양한 품종 중에는 황금빛 이파리를 지닌 종류와 아담하고 단단하고 꼿꼿하게 자라는 흔한 아일랜드 주목 '스트릭타 Stricta' 또는 '파스티기아타 Fastigiata', 왜성종 등이 있다. 생울타리와 토피어리로도 이용되는 이 아름다운 상록침엽수를 위해 모든 정원에는 작으나마 한자리를 마련해야 마땅하다.

Buxus sempervirens (회양목과)

회양목 COMMON BOX

가지다듬기의 예술

2012년 이탈리아 토스카나의 건설 현장에서 나무와 뼈로 만든 네안데르탈인의 도구가 무더기로 발굴되었다. 초기 네안데르탈인이 이 지역에 거주하던 플라이스토세 중기 후반인 약 17만 1000년 전의 유물이었다. 곧은엄니코끼리*Palaeoloxodon antiquus*의 뼈 화석과 함께 발견된 것은 회양목 가지로 만든 도구였다. 약 1m 길이의 회양목 조각들은 한쪽 끝이 땅을 파는 데 적합하도록 날카롭게 깎여 있고 반대쪽 끝은 손잡이처럼 둥글게 다듬어져 있었다. 표면에 남은 수많은 상처와 홈은 이 도구를 만들 때 석기가 쓰였음을 가리켰고 그슬린 흔적은 불을 사용한 마감 공정을 거쳤음을 추정케 하는 등 이 유물은 네안데르탈인의 지적 능력을 가늠할 수 있는 진귀한 자료가 되었다.

회양목은 탁월한 선택이었다. 천천히 성장하는 이 나무는 자연 서식지에서 자랄 때 가장 단단한 목재를 생산한다. 조직이 어찌나 촘촘한지 물에 뜨지도 않을 정도다. 〈참나무 심장Hearts of Oak〉(영국 해군의 공식 행진곡-옮긴이)이라는 노래는 있어도 회양목을 찬양하는 노래가 없는 것은 어찌 보면 당연하다. 나무마다 핀 크림색 또는 황갈색의 조그만 수꽃과 암꽃은 벌들을 유혹하지만, 꽃 자체는 불쾌한 냄새를 풍긴다. 하지만 꽃은 주로 바람에 의해 수정되어 까만 씨앗이 들어 있는 연갈색 꼬투리를 만들어낸다. 회양목은 작은 새와 포유동물, 곤충에게 은밀하고 아늑한 서식지를 제공한다.

회양목은 로마 시대부터 정원의 생울타리나 토피어리로 이용되었고 오늘날에도 정형 정원formal garden(직선·곡선·원형 등 명확한 기하학적 형태를 갖춘 정원-옮긴이)에서 흔히 찾아볼 수 있다. 르네상스 시대에 인기를 얻은 파테르 정원parterre garden(샛길로 구획된 여러 개의 화단을 기하학적 형태로 조성하고 화단 가장자리는 돌이나 생울타리로 장식한 정원-옮긴이)과 그 정교하고 대칭적인 무늬는 정원 설계자와 관리자의 역량을 증명하는 시험대와 같았다. 초창기에는 복잡한 미로와 미궁, 동물과 새를 표현한 토피어리, 장식 정원이 그 구성 요소로 포함되었다. 안타깝게도 회양목 마름병이 널리 퍼지면서 오늘날에는 토피어리에 회양목을 덜 쓰고 있다. 이 곰팡이병에 걸리면 회양목은 보기 흉하게 껍질이 일어나다가 결국 죽는다.

다른 명칭
무늬회양목, 서양회양목, Boxwood,
European box

원산지
남유럽, 북부와 서부 아프리카, 잉글랜
드 남부에 토착화 또는 자생

기후 + 서식지
큰 나무의 하층 식물로 자라거나 냉온대
와 지중해성 기후대의 탁 트인 산비탈에
서 자란다. 석회암 지대를 선호한다.

수명
150~200년

성장 속도
연간 5~15㎝

최대 높이
8m

딱딱하고 질긴 상록의 이파리를
포함해 회양목의 모든 부위에
독성이 있다.

다른 명칭
선도仙桃, 영일홍映日紅, 은화과隱花果,
Common fig

원산지
서남아프리카

기후 + 서식지
따뜻하거나 무더운 아열대 기후대의 건
조한 양지. 영양분이 부족한 토양에서
도 잘 자란다.

수명
최소 200년

성장 속도
연간 20~50㎝

최대 높이
10m

검은 무화과는 녹색 무화과보다
당도가 훨씬 높다.

Ficus carica (뽕나뭇과)

무화과나무 FIG

말벌이 맺어주는 열매

무화과는 지구상에서 가장 오래전부터 재배한 과일이다. 낙엽수인 무화과나무는 빠른 속도로 자라면서 밑동부터 낭창낭창한 가지를 뻗는다. 가지에는 억센 초록 잎과 동글납작한 과실이 맺힌다. 나무껍질에는 은은한 광택이 돌며 품종에 따라 열매 색깔은 녹색이나 갈색, 짙고 강렬한 자주색 등으로 다양하다. 무화과나무 꽃은 과실 속에서 피어 눈에 띄지 않는다. 야생 무화과는 작고 까만 말벌인 무화과꼬마벌*Blastophaga psenes*에 의해 수정된다. 수분에 기여한 이 벌이 열매 속에서 죽으면 피신ficin이라는 효소가 말벌의 단백질을 분해한다.

무화과나무는 전 세계에 널리 재배된다. 누구나 좋아할 만한 과일이지만 간혹 무화과를 꺼리는 이도 있다. 생과나 말린 무화과와는 아주 다른 맛이 나던, 전쟁 시기의 무화과 설사 유도제를 기억하는 사람들이 대체로 그렇다. 비교적 최근에 이스라엘 고고학자들은 갈릴리 호숫가에서 약 2만 3000년 전에 무화과가 재배된 증거를 발견했다. BC 2400년경 메소포타미아의 도시국가 라가시를 통치했으며 최초의 법전을 쓴 우루카기나왕의 비문에는 무화과가 중요한 식량으로 언급되어 있다. 그리스와 로마인에게 무화과는 신들의 선물이었다. 하지만 무화과를 가리키는 영어 단어 'fig'에는 부정적인 의미가 담겨 있다. 오랫동안 이 단어는 보잘것없는 존재를 일컫는 말로 쓰였다. 오늘날 손가락으로 V자를 그리는 행위에 상응하는 동작을 셰익스피어 시대에는 '스페인의 무화과'(검지와 중지 사이에 엄지를 끼우는 동작-옮긴이)라고 불렸다.

뽕나뭇과의 속씨식물로 중동과 서아시아가 원산인 무화과나무를 가리켜 "발은 지옥에 두고 머리는 천국에 둔다"고 한다. 키와 폭이 10m까지 자랄 수 있지만, 그 뿌리는 제한된 공간, 심지어 흙이 거의 없는 돌무더기에서도 잘 뻗어나가 생긴 표현이다.

무화과는 〈창세기〉(3:7)에 언급되면서 오명을 얻게 되었다. 금단의 과일을 따 먹은 아담과 이브는 "이에 그들의 눈이 밝아져 자기들이 벗은 줄을 알고 무화과나무 잎을 엮어 치마로 삼았더라". 무화과 잎은 크고 탄력이 있으므로 둘의 선택은 적절했던 셈이다. 하지만 무화과의 녹색 부분에서 나오는 수액은 인간의 피부에 자극적이다.

Eucalyptus globulus (도금양과)

유칼립투스 Tasmanian Blue Gum

잿더미에서 울리는 음악

유칼립투스 하면 호주가 떠오른다. 하지만 5000만 년 묵은 가장 오래된 화석은 아르헨티나 파타고니아에서 발견되었다. 지질학자들에 따르면 당시 호주와 남미가 남극대륙에 물리적으로 연결되어 있었기 때문인데 이런 현상이 별로 놀랍지는 않다. 고대화석들을 보면 900종에 이르는 오늘날의 유칼립투스와 많이 닮아 있다.

유칼립투스는 1792년 태즈메이니아주를 방문한 프랑스인 식물학자 자크 드 라빌라디에르Jacques de Labillardière에 의해 처음 연구되었다. "신랄한 지성 뒤에 영혼의 온갖 미덕을 숨긴" 남자로 불린 라빌라디에르는 영국의 저명한 박물학자 조지프 뱅크스Joseph Banks 경의 절친한 친구로 세계를 돌아다니며 유칼립투스 등의 표본을 연구했다. 이 종은 화재에 적응력이 뛰어나 태즈메이니아주를 비롯한 호주에서 번성했다. 유칼립투스 오일은 가연성이므로 나무에서 떨어진 껍질이나 낙엽은 산불을 키우는 불쏘시개가 된다. 그러나 숲이 다 타고 불이 꺼지면 경쟁 수목은 대부분 제거되어도 그슬린 껍질 밑에 잠들어 있던 유칼립투스 싹은 다시 돋아나곤 한다. 열기 속에서 씨방이 열리고 잿가루가 풍부하게 섞인 토양은 발아에 매우 적합한 덕이다.

유럽에서 건너온 초기 정착민들은 억세고 단단한 상록수인 유칼립투스를 최대한 이용했다. 안타깝게도 유칼립투스의 상업적 재배는 호주의 생태계 균형을 깨뜨리고 말았다. 원주민들이 수천 년간 사냥감이 될 짐승들을 불러들이고 천연 방화대防火帶가 되어줄 초지를 형성하며 관리해온 땅이었다. 오늘날 호주 원주민 애보리진은 이 나무를 유용하게 쓰고 있다. 껍질을 건조해 납작하게 편 다음 캔버스처럼 이용하고 흰개미가 속을 파낸 줄기로는 목관 악기 디제리두Didgeridoo를 만든다.

유칼립투스는 성장 속도가 무척 빨라 1년에 몇 미터씩 자라고 수확 후에도 활용도가 매우 높다. 지금도 목재는 교각을 만드는 데 쓰이며 바닥재나 마모되기 쉬운 다른 외장재로도 이용된다. 'Tasmanian blue gum'은 연한 청색의 어린잎 때문에 붙은 이름이다. 다 자란 녹색 잎과 꽃은 옛날부터 유칼립투스 오일의 주된 원료였다. 이 오일은 코막힘을 완화하는 의약품으로 쓰이고 있다.

다른 명칭
Blue gum, Southern blue gum

원산지
호주 빅토리아주 남부, 태즈메이니아주

기후 + 서식지
아열대나 온대 기후대의 수고樹高가 높
고 탁 트인 숲, 중성에서 산성에 이르는
다양한 토양에서 자란다.

수명
최대 200년

성장 속도
연간 2~3.5m

최대 높이
70m

유칼립투스의 꽃은 꿀벌에게
인기가 많으며 풍미가 강한
꿀을 만들어낸다.

다른 명칭
브리스틀콘소나무, 히코리소나무,
Great Basin bristlecone pine,
Intermountain bristlecone pine

원산지
미국 유타주, 네바다주, 동부 캘리포니
아주 산지

기후 + 서식지
-18~34℃의 극단을 오가는 일조량이
풍부하고 강우량이 적은 환경, 높은 고
도의 탁 트이고 돌이 많은 지역이나 저
고도의 울창한 혼효림

수명
낮은 고도에서 300년, 높은 고도에서
1000년. 5000년 이상 살았다고 추정
되는 사례도 있다.

성장 속도
나이와 환경이 허락하면 연간 10~50㎝

최대 높이
16m

암솔방울은 성숙하기까지 2년이 걸리고
처음에는 진보라색을 띤다.

Pinus longaeva (소나뭇과)
강털소나무 BRISTLECONE PINE

시간의 조각품

웬만큼 오래 살았다는 세상의 나무 중에서도 강털소나무의 개성과 옹이진 아름다움에 비견할 나무는 드물다. 이 나무의 특성 또한 외모만큼이나 기이하다. 미국에는 9000년 전에 싹을 틔웠다는 죽은 강털소나무가 있다. 땅딸막하고 울퉁불퉁하며 고산지대의 찬바람에 시달려 희끄무레하게 색이 바랬지만 여전히 제자리를 지키고 있다. 캘리포니아 화이트산맥에는 5068살로 추정되는 강털소나무가 살아 있다. 다만 이 나이에 이의를 제기하는 사람이 있다. 나무의 정확한 위치가 비밀에 부쳐져서 확인할 길은 없지만, 그 수치가 정확하다면 모든 종을 통틀어 가장 오래 산 나무인 셈이다.

미국 서부 그레이트베이슨의 강털소나무들과 처음 더불어 산 사람들은 마지막 대빙하 시대의 끝 무렵인 BC 1만 2000년경의 팔레오 인디언 사냥꾼들이었다. 이 초기 주민들은 한참 후에 정착을 시작해 파이우트Paiute 같은 인디언 부족을 형성했다. 대지와 조화를 이루고 살았던 그들은 미국잣나무*Pinus edulis* 열매를 식량으로 채취했고 집을 지을 때는 튼튼한 강털소나무를 이용했다.

강털소나무의 기나긴 수명과 독특한 외양은 이 나무가 적응해온 열악한 환경이 빚어낸 결과물이다. 고립된 수풀에 있거나 홀로 자라는 나무들은 성장 속도가 지독히 느리고 몇 년간 나이테를 생성하지 않기도 한다. 그 결과 목질이 매우 조밀하고 단단해져 병충해와 혹독한 날씨에 더욱 강해진다. 푸른 바늘잎의 수명도 무척 길어서 40년이나 나무에 붙어 있다가 떨어지기도 한다. 강털소나무라는 이름의 근거가 된 암솔방울은 표면에 안쪽으로 말린 뻣뻣한 털이 났으며, 처음에는 진보라색이었다가 성숙하면서 갈색으로 변한다.

강털소나무의 장수는 현대 과학 연구에 크게 이바지하고 있다. 과학자들은 나이테를 이용해 탄소 연대 측정법으로 연대를 가늠하고 수천 년 전의 기상 정보를 얻어 변동이 심한 기후 연구에 도움을 받고 있다.

Pinus pinea (소나뭇과)

우산소나무 Stone Pine

무용수의 친구

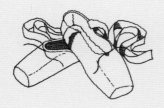

고대 로마를 배경으로 하는 할리우드 역사물을 좋아한다면 아피아 가도Appian Way(BC 312년 감찰관 아피우스 클라우디우스 카이쿠스가 건설하기 시작했다는 고대 로마 최초의 도로-옮긴이)가 낯설지 않을 것이다. 우산소나무는 독특한 진녹색 차양을 우산 모양으로 펼치고 수천 년 동안이나 그늘을 드리운 채 로마로 향하는 이 길을 지금도 당당하고 꿋꿋하게 지키고 서 있다. 콜로세움과 더불어 우산소나무는 로마를 대표하는 상징물이라 할 만하다.

우산소나무는 고대 로마보다 연륜이 깊다. 기원은 신석기 시대까지 거슬러 올라간다. 이집트 제12왕조의 장례 의식을 위해 준비된 제물 가운데서 우산소나무 솔방울이 발견되기도 했다. 지금보다 다습했던 과거에는 사하라 사막에서 자랐다. 이 나무 자체가 문화적·종교적으로 큰 의미를 지녔던 고대 지중해 문화권의 무역로를 따라 종자는 널리 퍼져나갔다. 오늘날 우산소나무는 지중해를 낀 모든 나라에서 볼 수 있으며 전 세계의 온대 기후에서 관상용으로 길러진다.

우산소나무는 가구를 만들기에 그럭저럭 쓸 만하지만, 너무 거칠고 송진이 많아 상업적 가치는 떨어진다. 이 나무의 가장 큰 수익성은 송진에서 나온다. 고무처럼 나무 몸통에서 채취한 송진은 방수제나 광택제로 널리 쓰인다. 딱딱한 덩어리나 가루 형태의 송진은 수 세기 동안 바이올린부터 더블베이스에 이르는 현악기의 활을 부드럽게 하거나 발레와 아이리시댄스 무용수의 슈즈가 벗겨지는 것을 방지하는 데 이용되었다. 솔방울 내부의 씨앗은 셋째 해에 숙성한 다음 열에 반응해 밖으로 튀어나온다. 성숙한 나무의 두툼한 껍질은 좀처럼 불에 타지 않는다. 우산소나무의 종자인 '잣'은 바질, 파메르산 치즈와 더불어 페스토 소스의 3대 주재료 가운데 하나다. 고대부터 지중해와 중동 요리에서 육류, 생선, 샐러드에 빠지지 않는 중요한 식품이었다.

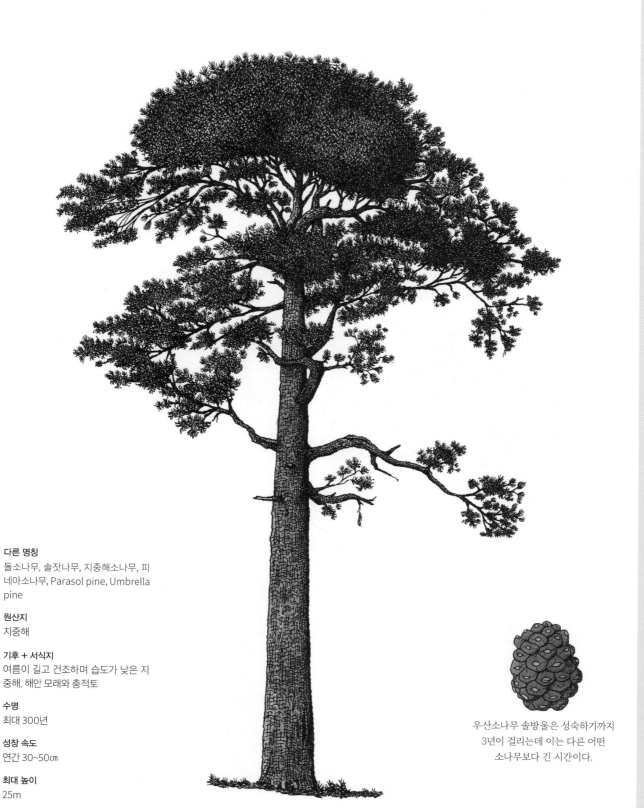

다른 명칭
돌소나무, 솔잣나무, 지중해소나무, 피
네아소나무, Parasol pine, Umbrella
pine

원산지
지중해

기후 + 서식지
여름이 길고 건조하며 습도가 낮은 지
중해. 해안 모래와 충적토

수명
최대 300년

성장 속도
연간 30~50㎝

최대 높이
25m

우산소나무 솔방울은 성숙하기까지
3년이 걸리는데 이는 다른 어떤
소나무보다 긴 시간이다.

다른 명칭
Alligator pear, Butter fruit,
Summer pear

원산지
중남미

기후 + 서식지
서리가 내리지 않고 습윤한 아열대 기
후, 비옥하고 깊고 배수가 잘되는 토양

수명
최소 100년

성장 속도
연간 80~100㎝

최대 높이
20m

아보카도는 바나나처럼
전환성Climacteric 과일이다. 나무에서
숙성되지만 채취한 후에도
계속 익는다.

Persea americana (녹나뭇과)

아보카도 AVOCADO

선사 시대 거대 동물의 먹거리

고향인 멕시코와 중앙아메리카부터 나날이 인기가 치솟고 있는 슈퍼푸드 아보카도는 길고 흥미로운 역사를 자랑한다. 식물학적으로 핵과Drupe(얇은 외과피, 육질의 중과피, 단단한 내과피로 구성되는 구조 안에 종자가 들어 있는 열매-옮긴이)에 속하는 아보카도는 씨 1개짜리 장과漿果(과육에 수분이 많아 부드러운 열매-옮긴이)라고도 할 수 있다.

아보카도나무는 보기 좋게 펼쳐진 형태를 띤다. 최대 20m까지 자라고, 색이며 형태가 월계수를 닮은 잎이 빽빽이 돋아난다. 가지 끝에 송이송이 맺히는 열매의 무게로 인해 가지는 아래로 축 늘어진다. 한때 이 나무는 열매를 통째로 먹은 동물들을 매개로 종자를 전파하는 방식에 의존했다. 땅나무늘보Megatherium가 그런 역할을 했다지만 1만 1000년 전 멸종되어 그 후로 다람쥐와 인간 등 덩치가 작은 포유류의 힘을 빌려야 했다. 고고학자들은 아보카도가 1만 5000년 전 아메리카 대륙에서 가장 오래된 인간의 거주지인 페루 와카 프리에타Huaca Prieta 주민들의 먹거리였다는 사실을 밝혔다.

'아보카도'라는 이름은 고환을 뜻하는 멕시코 나우아틀어 '아우아카틀āhuacatl'에서 유래되었다. 아보카도의 형태, 열매가 짝을 지어 맺힌다는 사실, 아보카도를 먹으면 생식력을 높일 수 있다는 나우아틀족의 믿음 등이 이름과 관계있다. 희부연 아보카도 즙은 타닌이 풍부하고 공기에 노출되면 색이 짙어진다. 스페인 정복자들은 아보카도 즙이 잉크 대용으로 유용하다는 사실을 발견했다. 지금도 콜롬비아 포파얀의 기록 보관소에서는 독특한 적갈색의 아보카도 잉크로 쓰인 역사 문헌들을 찾아볼 수 있다. 아보카도에서는 크림과 화장품에 쓰이는 오일도 얻을 수 있다. 이 오일은 피부에 쉽게 흡수되므로 올리브오일보다 더 인기가 많다. 아보카도는 관상용으로도 좋은 식물이다. 우리는 작은 물그릇에 담가둔 아보카도 씨에서 싹이 트는 모습을 볼 때마다 흐뭇함을 느낀다.

Prunus persica (장미과)

복숭아나무 PEACH

로마의 레시피

세상 나무를 통틀어도 복숭아의 아름다움에 비견할 나무는 드물다. 동화 작가 로알드 달Roald Dahl은 거대한 체리를 소재로 책을 쓰려다가 마음을 바꿔 제목을 《제임스와 슈퍼 복숭아James and the Giant Peach》로 정했다. 달에 따르면 "복숭아가 더 예쁘고 크고 말랑말랑해서다."

라틴어 학명은 복숭아의 원산지를 페르시아로 잘못 밝히고 있다. 현재 페르시아는 극동 지역에서 이동을 시작한 복숭아의 중간 기착지로 알려져 있다. 최근 연구에서는 250만 년 전 이 핵과의 진짜 원산지는 중국이라고 밝혔다. 윈난성의 시솽반나 열대 식물원에서는 호모 에렉투스보다 적어도 70만 년은 앞서는 복숭아 화석이 발굴되었다. 복숭아는 그리스와 로마로 이동한 다음 지중해 전역에서 널리 재배되어 생과와 절임으로 쓰였다. 더 서쪽으로 나아간 복숭아는 초기 스페인 탐험가들과 함께 아메리카 대륙에 도착해 멕시코와 미국 남부에서 토착화되었다. 그곳에서 '테네시 내추럴즈Tennessee naturals'라는 이름으로 알려지며 스위트 와인으로 제조되었다.

예로부터 복숭아에는 성적인 의미가 담겨 있었다. 비잔틴, 고딕, 르네상스 회화에서 다른 과일들과 더불어 묘사된 복숭아에는 대중의 도덕과 믿음을 겨냥한 상징이 가득 담겨 있다. 잘 익은 복숭아는 미덕과 영광을 표현하지만 반쯤 먹다 남겼거나 썩은 복숭아는 음란하거나 망측한 행동으로 명예를 더럽힌 여성을 의미했다.

복숭아는 문학과 전통문화에서도 중요한 위상을 차지한다. 로마 시대의 미식가 아피키우스는 《요리에 관하여De re coquinaria》라는 책에 복숭아를 등장시켰고 플리니 디엘더Pliny the Elder도 방대한 저작 《박물지Naturalis historia》에서 복숭아를 다뤘다. 이탈리아에는 "친구에게는 무화과를, 원수에게는 복숭아를 주라"는 속담이 있고 베트남에도 이와 유사한 "자두를 받으면 복숭아를 돌려주라"는 격언이 있다.

빅토리아 시대 잉글랜드에서 부유한 지주의 정원사들은 과실을 얻기 위해 기발한 복숭아나무 재배 방법을 개발했다. 주로 햇볕이 잘 드는 담장에 붙여서 기르거나 따뜻한 온실에서 키우는 것이다. 둘 다 결과는 좋았지만 상당한 비용이 들었다.

다른 명칭
도화수桃花樹, 모도수毛桃樹, 복사나무,
선과수仙果樹, Common peach

원산지
중국 북서부

기후 + 서식지
인공으로 조성되었거나 변형된 서식지.
기후가 온난하거나 서늘한 지역의 숲
속이나 숲 가장자리. 배수가 잘되는 산
성~중성의 양질토良質土 또는 사질토
沙質土

수명
15~25년

성장 속도
연간 50~100㎝

최대 높이
6m

아시아에서 인기 있는 백도는
황도보다 신맛이 덜하다.

다른 명칭
감람나무. European olive

원산지
지중해 연안

기후 + 서식지
땅속 깊은 곳의 수분에 접근할 수 있는
척박하고 메마른 토양. 온대 또는 난대
기후대의 일조량이 아주 많은 곳

수명
최소 1000년. 2000년 이상으로 추정
되는 사례도 있다.

성장 속도
연간 10~30㎝

최대 높이
15m

그린 올리브와 블랙 올리브는 익은
정도가 다르다. 블랙 올리브는
완전히 익은 것이다.

Olea europaea (물푸레나뭇과)

올리브 OLIVE

아테나 여신의 선물

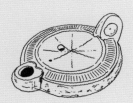

올리브나무와 그 열매, 열매에서 추출하는 오일은 지중해 지역의 필수품이다. 인간은 최소 2만 년 전부터 올리브를 재배하고 이용했다. 수 세기를 거치면서 지중해 국가들은 올리브 무역으로 부를 일궜다. 갈릴리 호수 남서부 연안의 고고학 유적지에서는 후기 구석기 시대 수렵 채집인이 남긴 올리브 화석과 나뭇조각이 발견되었다. 인근에서 발견된 도자기 그릇은 올리브오일이 약 8000년 전에 거래된 증거다.

올리브가 정확히 언제부터 재배되었는지 의견이 분분하지만, 시리아의 점토판에서 BC 2400년의 증거 서류가 발견되었다. 알레포 외곽의 고대 도시 에블라를 폐허로 만든 화재 때 점토판이 구워진 덕분에 보존된 문서였다. 주로 상업 거래를 기록한 이 점토판에 따르면, 올리브오일의 가격은 와인의 5배로 책정되었다. 현대의 팔레스타인에서도 올리브나무는 큰 자산으로 인정받는다. 과거에는 1그루가 1명 이상의 후손에게 상속되는 경우 그 산출물을 다시 배분해야 했지만, 지금은 올리브 가지 하나하나에 대해 가족 중 누구의 소유인지를 정해둔다.

억세고 주름진 올리브나무는 양분이 부족하고 메마른 땅에서도 잘 자랐기에 지중해 너머까지 퍼져나갈 수 있었다. 그리스 신화에 따르면, 제우스의 딸인 아테나가 아테네인들에게 올리브나무를 선사했다고 한다. 아테네 아크로폴리스의 우물 옆에 돋아난 이 나무가 장차 모든 올리브나무의 기원이 되었다는 것이다. 투탕카멘의 3300년 된 석관에서 발견된 올리브 잎 화관은 현재 큐 왕립식물원 표본실에 보존되어 있다.

올리브 가지는 여전히 평화의 상징으로 인식된다. 《성경》에서 올리브는 빛과 평화, 신의 은총을 의미한다. 《코란》에도 올리브와 올리브나무가 곳곳에 언급되어 있는데 무슬림의 염주도 올리브나무로 만든다. 전쟁에서 패배했을 때 그리스와 로마인들은 항복의 표시로 올리브 가지를 쳐들었다.

Corylus avellana (자작나뭇과)

서양개암나무 HAZEL

신비로운 힘

개암나무는 아메리카, 아시아, 중국, 터키, 히말라야 등지에 다양한 형태로 자란다. 개암은 이 나무가 생산하는 견과를 말한다. 인공 재배한 개암에서 얻은 견과를 '필버트Filbert'라고도 한다. 개암은 영양 만점의 식품이지만 먼 옛날에는 의약품으로도 쓰였다. 고대 그리스인들은 흔한 감기부터 탈모에 이르는 다양한 증상에 대해 개암의 탁월한 치료 효과를 높이 평가했다.

겉보기에는 나무라기보다 덤불에 가까운 개암은 겨울이면 보송보송한 잔가지를 뻗어 동글동글한 초록빛 싹을 틔운다. 4월에 돋아나는 진녹색 이파리는 가장자리가 톱니 모양이며 원형에 가깝고 끝이 뾰족하다. 늦겨울에는 길고 가는 줄기에 달린 기다란 황금빛 수꽃차례가 유독 눈에 띈다. 같은 줄기를 따라 조그만 초록 꽃봉오리처럼 흩어져 있는 암꽃차례는 별로 존재감을 드러내지 않는다. 여름이면 암꽃이 열매로 변해 가을에 완전히 익는다.

개암은 베어도 베어도 자꾸만 되살아나는 악착같은 나무다. 땅에서 힘껏 싹을 틔우고, 가지치기Coppicing('자르다'라는 뜻의 프랑스어 '쿠페Couper'에서 비롯된 용어)를 해도 금방 다시 돋아난다. 개암의 이런 성질을 인간은 요긴하게 이용해왔다. 개암나무는 수세기 동안 생울타리의 줏대나 오두막 흙벽을 지탱하는 윗가지, 초가지붕의 뼈대로 쓰였고 콩줄기를 받치는 훌륭한 지지대가 되기도 했다.

개암 주위에는 신비로운 분위기가 감돈다. 19세기에 그림 형제는 개암이 탐욕스러운 살모사로부터 아기 예수의 어머니를 숨겨주었다는 이야기를 지었다. 성모마리아는 "나를 지켜주었듯이 개암나무는 장차 다른 이들을 지켜주리라"라고 축복했다. 개암 나무에서 잘라낸 가지는 수백 년간 수맥을 찾는 용도로 쓰이기도 했다. 아동 문학가 아서 랜섬Arthur Ransome은 《제비호와 아마존호Swallows and Amazons》 시리즈 가운데 한 편인 〈비둘기 집배원Pigeon Post〉에서 개암나무의 이런 특성을 소재로 다뤘다. 소설 속 등장인물 티티는 레이크 디스트릭트에 가뭄이 닥치자 엄지와 검지 사이에 개암나무의 탄력 있는 Y자 가지를 끼우고 지하수를 감지하는 도구로 사용했다.

다른 명칭
헤이즐, Aveline, Cobnut, European hazel

원산지
스칸디나비아 중부~남쪽으로 터키, 영국제도~동쪽으로 러시아와 캅카스산맥

기후 + 서식지
저지대 수풀과 삼림의 축축한 흙. 생울타리나 목초지, 개울가, 황무지에서도 발견된다. 폭넓은 온도 범위와 건기를 잘 견딘다.

수명
가지치기 시 최소 80년

성장 속도
연간 45~100㎝

최대 높이
15m

개암의 알맹이 또는 열매는 프랄린Praline의 기본 재료가 된다.

다른 명칭
Chian turpentine

원산지
소아시아, 지중해

기후 + 서식지
아열대 기후의 해수면에 가까운 건조
하고 탁 트인 숲과 관목지. 충분한 햇볕.
주로 석회암 토양

수명
최대 500년

성장 속도
연간 10~20㎝

최대 높이
10m

테레빈나무는 봄에 적갈색 꽃을
피우며, 꽃이 진 자리에 빨간
과실과 견과가 맺힌다.

Pistacia terebinthus (옻나뭇과)

테레빈나무 TEREBINTH

미케네의 나무

테레빈은 한겨울에 찬란한 색감을 선사하는 고마운 나무다. 헐벗은 줄기에 새잎과 적 갈색 꽃이 동시에 돋아나 갑자기 화사한 분위기를 연출한다. 꽃이 진 자리에는 완두 콩 크기의 작고 둥근 적색 핵과가 송이송이 맺혀 까맣게 익는다. 아몬드보다 달콤하 고 기름진 씨앗은 맛있다.

이 작은 낙엽수는 옻나뭇과에 속한다. 다 자라면 10m에 가까우며 잎은 캐럽나무처 럼 길고 뻣뻣하다. 잎 하나하나는 광택이 있는 5~11개의 작은 연녹색 잎으로 구성된 다. 진액과 기름이 있어 나무 전체가 톡 쏘는 듯한 쏩쓸한 냄새를 풍긴다. 이 나무에는 곤충이 만드는 혹, 사마귀 등이 많이 생긴다. 테레빈나무를 스페인어로 '코르니카브 라Cornicabra'라고 하는 이유는 혹이 염소의 뿔처럼 생겨서이다. 비록 혹은 많지만 테 레빈나무는 튼튼하고 적응력이 뛰어나 다른 종은 살아남기 힘든 산지에서 자란다.

테레빈나무는 상업적 가치가 있는 테레빈유를 생산한다. 테레빈유는 나무껍질을 절 개해 채취한 수지(테레빈티나)를 증류해 얻는다. 인간은 오래전부터 테레빈유의 항균 효과를 적극 이용했다. 이란 자그로스산맥의 유적지에서 발굴된 7000년 묵은 항아 리에서는 와인 잔여물에 포함된 테레빈유의 존재가 확인되었다.

이 나무에 대한 최초의 문서 기록은 3500년 전 미케네의 선형 문자 B(에게 문명 지역인 크레타섬에서 발견된 후기 청동기 시대의 문자 가운데 하나-옮긴이)로 표기된 진흙판에 등장 한다. 〈사무엘 상〉(17:2, 17:19)에는 테레빈나무가 자주 등장한다. 테레빈의 계곡, 즉 엘 라 골짜기는 다윗이 새총을 써서 골리앗을 이긴 곳으로 알려져 있다. 그러나 지금은 《성경》 속 엘라나무를 *Pistacia terebinthus*와 유사한 특성과 모습을 지닌 *Pistacia palaestina*로 보고 있다.

Juglans regia (가래나뭇과)
호두나무 ENGLISH WALNUT

바빌론의 공중 정원에서

개암나무처럼 호두나무도 우리에게 풍성한 선물을 준다. 성숙하면서 은회색으로 변해가는 매끄러운 황록색 껍질, 커다란 녹색 겹잎(여러 개의 작은 잎이 하나의 줄기를 중심으로 배열된 잎), 늘어진 수꽃이삭, 2~5송이씩 뭉쳐서 피는 암꽃을 지닌 멋스러운 관상수다. 초록 껍질의 열매는 내부의 견과가 익으면 색이 짙어진다. 호두는 인류가 태곳적부터 섭취한 최고의 건강식품이다. 호두 4분의 1컵에는 하루에 필요한 오메가3 지방산과 항산화 물질 100%가 들어 있다. 호두를 먹으면 심장병이 예방되며 전립선과 유방암의 위험도 감소한다. 뇌에도 유익하고 2형 당뇨병도 완화할 수 있다. 과학자들은 호두에 인간과 동물의 수면~각성 주기를 조절하는 멜라토닌 성분이 함유되어 있다고 밝혔다.

온대 지역에서 널리 재배하는 호두는 중앙아시아의 산골이 원산이다. 신석기인들은 약 7000년 전부터 이 지역에서 호두를 재배했다. 아시아 원산의 여느 나무들처럼 호두는 중국에서 서쪽으로 이동해 캅카스, 페르시아, 그리스, 로마까지 퍼져나갔다. 로마인들은 호두나무를 잉글랜드에 소개했고 훗날 영국 상선의 선원들은 무역항 인근으로 나무를 전파했다. 영국호두English walnut라는 이름은 여기서 유래됐다.

호두에 대한 가장 최초의 기록은 현재의 이라크인 메소포타미아 칼데아 사람들이 남겼다. 고대 점토판에는 BC 2000년경 바빌론의 공중 정원에 자라던 호두나무를 명확히 기록해놓았다. 〈아가〉(6:11)에서 솔로몬은 "골짜기의 푸른 초목을 보려고 포도나무가 순이 났는가 석류나무가 꽃이 피었는가 알려고 내가 호도 동산으로 내려갔을 때에"라며 호두를 언급했다.

호두나무는 단단하고 매끄러워 조각 작품에 쓰기 적합하고 강도가 강해 엽총의 개머리판으로 손색이 없다. 호두나무 목재는 오랜 세월 값비싼 탁자나 궤짝, 서랍장 등의 고상한 가구로 재탄생했다. 또 나방 애벌레에게 나뭇잎을 먹이로 내어주며 쥐와 다람쥐에게 맛난 먹거리도 제공한다.

다른 명칭
핵도核桃, 호도胡桃, Common walnut,
Persian walnut

원산지
우즈베키스탄, 키르기스스탄, 타지키스
탄, 투르크메니스탄

기후 + 서식지
다양한 온대 기후 지역에서 양지바른
곳의 축축한 심토深土에 소규모 집단을
이뤄 자란다.

수명
최소 70년

성장 속도
연간 20~40㎝

최대 높이
35m

오랫동안 호두는 핵과의 종자로
알려졌지만, 지금은 견과로
분류된다.

다른 명칭
Common pistache, Terebinth nut

원산지
러시아 남부, 레바논, 시리아, 아프가니스탄, 이란, 터키

기후 + 서식지
무더운 반건조 지역의 척박한 토양. 염분에 강하다.

수명
최대 150년

성장 속도
연간 10~60㎝

최대 높이
10m

피스타치오나무는 2년마다
약 5만 개의 씨앗을 생산한다.

Pistacia vera (옻나뭇과)

피스타치오나무 PISTACHIO

초록의 달콤함

피스타치오나무는 중동 전역의 사막에 가까운 건조 기후에서 자라는 강인한 나무로 -10~48°C의 온도 범위를 견딜 수 있다. 사촌 테레빈나무(→P.34)처럼 피스타치오나무의 몸통은 짧고 잎은 차양처럼 넓게 퍼져 있다. 그 아름다움이 한껏 발산되는 가을에는 포도송이만큼 굵은 핵과 송이가 초록에서 눈부신 노랑과 빨강으로 익는다. 완전히 익으면 피스타치오 껍질은 '딱' 소리를 내며 갈라진다. 페르시아 전설에 따르면, 달밤에 피스타치오 밭에서 만난 두 연인이 껍질 갈라지는 소리를 들으면 행운이 찾아온다고 한다.

피스타치오 씨앗은 단순한 열매가 아니라 9000년 이상 중요한 요리 재료로 대접받았다. 테레빈나무처럼 피스타치오나무는 이란의 자그로스산맥에서 자랐다. 그곳에서 BC 6750년 전의 피스타치오 잔해가 발견된 적도 있다. 역시 사촌 테레빈나무가 그랬듯 피스타치오나무는 몇몇 전설의 주인공이다. 시바의 여왕은 왕국에서 수확한 피스타치오 전량을 오로지 자신과 왕실을 위해 비축했다고 한다. 《코란》은 피스타치오를 아담이 천국에서 지상으로 가져온 식품 가운데 하나라고 밝히고 있다.

3000년간 50종이 훌쩍 넘는 피스타치오나무가 재배되었다. 그대로 섭취하든 샐러드 재료로 쓰든 육류나 생선과 함께 요리하든 아이스크림에 섞든 식품으로서 피스타치오의 인기는 최근 들어 급상승했다.

19세기 후반 중동에서 수출된 피스타치오는 대개 빨갛게 염색되어 있었다. 이유는 의견이 분분하다. 잘룸Zaloom이라는 시리아 상인이 자신의 피스타치오를 경쟁업자의 상품과 구분하기 위해 염색했다는 설이 유력하다. 껍질의 흠집과 얼룩을 숨기려는 목적으로 염색했다는 평범한 설명도 있다. 그 기원이 무엇이든 1970년대 미국에서 피스타치오를 생산하면서 염색 관행은 사라졌다.

Toxicodendron vernicifluum (옻나뭇과)
옻나무 LACQUER TREE

독을 품은 보물

일본옻나무라고도 하는 옻나무는 수액 채취를 목적으로 재배한다. 성숙한 나무는 20m까지 자라며 구주물푸레나무, 마가목처럼 작은 잎 여러 개로 모인 커다란 녹색 겹잎을 틔운다. 꽃이 나무를 온통 뒤덮는 봄과 잎이 선명한 붉은색으로 변하는 가을에 이 나무는 절정의 아름다움을 뽐낸다. 이파리와 납작한 무화과를 닮은 열매는 동양 의학에서 체내 기생충을 없애거나 출혈을 멈추는 데 쓰인다.

그러나 나무의 상업적 가치는 수액에 있다. 옻나무가 10년을 자라면 몸통에 깊은 홈을 가로로 여러 개 내고 몸통 아래쪽에 조그만 대야를 받쳐 회색빛이 도는 누런 즙을 얻는다. 이 작업은 5일마다 반복한다. 수액이 떨어지면 절개 부위가 검은색으로 변한다. 수액에는 독담쟁이에도 함유된 알레르기 유발 물질 우루시올Urushiol이 있어 옻나무를 자를 때는 주의가 필요하다. 수액의 증기만 쐬어도 피부에 발진이 생길 수 있다.

채취해 숙성한 수액은 예로부터 목제 가구, 각종 도구, 조각품 등에 광택제로 쓰였다. 오늘날에도 한국·일본·중국의 장인들은 옻의 품질이 합성 광택제보다 훨씬 우수하다고 굳게 믿는다. 칠기漆器는 시간의 검증을 거쳤다. 중국 저장성 위야오현의 허무두河姆渡 유적지에서 발굴된 빨간 칠기 사발은 무려 BC 5000~4000년에 제작되었다.

11~12세기 일본 혼슈 북부에서는 옻나무 수액이 기상천외한 용도로 쓰이기도 했다. 몇몇 불교 승려가 '살아 있는' 상태로 미라가 되는 과정을 시도한 것이다. 6년간 특별한 식단을 유지한 다음 승려들은 독성이 있지만, 자신의 육체를 온전히 보존할 수 있는 우루시(옻)차를 마셨다. 숨을 쉴 대롱만 남기고 무덤에 밀봉된 승려가 연꽃 자세로 앉아 있다가 열반하면 그때부터 무덤을 닫아두었다가 1000일 후에 시신을 다른 곳으로 옮겼다. 승려의 몸이 여전히 연꽃 자세를 하고 있다면 미라화에 성공한 것으로 간주하고 그 유해를 신성시했다.

다른 명칭
Chinese lacquer tree, Japanese
lacquer tree, Varnish tree

원산지
일본, 중국

기후 + 서식지
냉온대~난온대 기후의 산비탈에 숲이
나 덤불을 이룬다. 배수가 양호한 비옥
토.

수명
최소 60년

성장 속도
연간 30~60㎝

최대 높이
20m

옻나무 잎은 타닌 함량이 높다.
가을에 떨어지는 낙엽은 갈색
염료로 쓰이기도 한다.

다른 명칭
종려나무, Date

원산지
북아프리카, 아라비아반도

기후 + 서식지
난대 기후~건조한 열대 기후 지역의 탁
트이고 일조량이 많은 곳, 수분과 접촉
할 수 있는 배수가 원활한 토양

수명
최대 100년

성장 속도
연간 20~30㎝

최대 높이
25m

대추야자 한 송이에는 과실이
자그마치 1000개나 맺힌다.

Phoenix dactylifera (야자나뭇과)
대추야자 Date Palm

마사다의 음식

대추야자는 원산지인 중동과 북아프리카 전역에 발생한 여러 문명권에서 귀중한 먹거리였다. 고대 이집트인들에게는 달콤하고 영양가 높은 과일 이상의 의미가 있었다. 이 나무는 그들의 문화 곳곳에 스며 있다. 가장 건조한 사막에 자라는 대추야자는 풍요와 생명의 기적으로 인식되었고 빛살 모양으로 배열된 잎은 태양신 라Ra를 상징했다. 고대 그리스와 로마 문화에서도 이 나무를 태양과 연결시켜 건축물과 동전 디자인에 표현했다. 히브리와 그리스도교 문화에서 대추야자는 오랫동안 평화의 상징이었다. 그러나 오늘날 트리폴리부터 텔아비브, 마르베야에서 마요르카에 이르는 지중해 도시의 해안가에 즐비한 대추야자는 부유함과 호화로움을 상징하는 관상수다.

대추야자의 멋진 몸통은 꼭대기에서 밑동까지 죽은 잎에서 생성된 목질木質의 잎바닥leaf base(엽저葉底)으로 감싸여 있고 윗부분에는 살아 있는 잎이 붙어 있다. 잎은 길고 가벼워서 송알송알 맺힌 대추야자 열매를 보호해준다. 성숙한 나무 1그루는 1년에 70~140kg이라는 어마어마한 양의 대추야자를 생산할 수 있다.

2005년에는 매우 의미 있는 역사적 순간과 대추야자의 놀라운 관계가 세상에 드러났다. AD 73년 여러 달을 끈 포위 작전 끝에 마사다(오늘날의 이스라엘)의 장벽이 무너졌다. 저항하던 유대인 열심당원들은 로마군에 항복하라는 명령을 받았지만, 포로가 되기보다 스스로 목숨을 끊는 쪽을 택했다. 1932년 고고학자들은 그 유대인들이 남긴 음식물 가운데서 대추야자를 발견했다. 연구자들이 그 대추야자를 땅에 심었더니 놀랍게도 싹이 텄다. 지금까지 발아한 씨앗 가운데 가장 오래된 것으로 기록되었다. 그 묘목은 이스라엘 과학자들에게 고대와 현대 대추야자의 유전적 관계를 연구할 수 있는 특별한 기회를 제공했다.

Fraxinus excelsior (물푸레나뭇과)
구주물푸레나무 COMMON ASH

북유럽 신화 속 나무

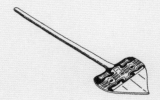

구주물푸레나무는 늦봄에 마지못한 듯이 이파리를 틔워 늦가을까지 악착같이 붙들어둔다. 이 나무의 특성은 평범하기 그지없다. 북극권 한계선부터 터키에 이르는 유럽 전역에서 발견되며 토양 속 칼슘에 대한 내성을 지녀 석회암 지대에서도 잘 자란다. '애쉬ash'라는 영어 이름은 고대 노르웨이어 'askr'와 고대 영어 'aesc'에서 유래됐다. 흔히 생울타리로 이용되지만, 공간만 충분하다면 거대하고 웅장하게 자란다. 헐벗은 겨울 가지에 맺힌 독특한 검은색 싹을 보면 이 나무를 쉽게 식별할 수 있다. 껍질은 이름에 걸맞은 잿빛으로 처음에는 매끈하다가 그물처럼 골이 두드러진 망 조직이 나타난다. 35m까지 자랄 수 있지만, 몸통 둘레는 4.5m 정도로 날씬하다. 수명은 좀처럼 150년을 넘기기 어렵지만 400년까지 살기도 한다.

구주물푸레나무는 튼튼하면서도 유연한 데다 구하기 쉽고 성장 속도가 빨라 목공, 장작, 숯 등의 용도로 꾸준히 활용되고 있다. 지저깨비가 일어나지 않고 충격을 흡수하는 능력 덕분에 이 나무는 쇠스랑, 삽, 도끼 같은 정원용 기구와 곡괭이나 망치 등의 연장, 하키 스틱 같은 스포츠 장비의 손잡이로도 가치가 있다.

북유럽 신화에서 이 나무는 중요하다. 신화 속 생명의 나무 '이그드라실'은 아홉 세계의 한가운데에서 자라는 영원의 구주물푸레나무다. 이 나무는 그리스도교의 전파 후에도 잔존하던 이교에 뿌리를 두며 토르, 오딘, 프레야 같은 신들의 연대기에 등장한다. 덴마크 유틀란트의 호르센스 피요르드에서 발견된 물푸레 노는 후기 중석기 시대에 수렵 채집인의 통나무배를 움직이는 데 쓰인 물건으로 탄소 연대 측정 결과 BC 4700년 전에 제작된 것으로 밝혀졌다.

구주물푸레나무는 이웃 나무를 쓰러뜨리고 땅에 생긴 빈 공간에 냉큼 자리를 잡는 매우 영악한 종이다. 정원사들은 이 능력을 달가워하지 않아 이 나무를 잡초처럼 홀대한다. 그 많던 구주물푸레나무가 지금은 안타깝게도 마름병으로 위협받고 있다. 'Hymenoscyphus fraxineus'라는 곰팡이가 일으키는 감염병이 창궐하면서 2016년에 유럽의 구주물푸레나무는 멸종 위기에 이르렀다.

다른 명칭
Ash, European ash

원산지
유럽. 캅카스산맥

기후 + 서식지
서늘한 기후. 비옥하고 배수가 원활한
토양

수명
최대 400년

성장 속도
연간 20~150㎝

최대 높이
35m

물푸레는 잎이 아직 녹색일 때
낙엽이 진다.

다른 명칭
Jerusalem pine

원산지
서아시아, 지중해

기후 + 서식지
지중해 인근 따뜻한 지역의 고도가 낮은 해안 비탈. 산성~약알칼리성의 배수가 원활한 토양

수명
최소 150년 이상

성장 속도
연간 5~30㎝

최대 높이
20m

알레포소나무 솔방울은 수년에 걸쳐
서서히 벌어지는데 불에 노출되면
그 속도가 빨라진다.

Pinus halepensis (소나뭇과)

알레포소나무 ALEPPO PINE

그리스의 맛

알레포소나무는 스페인부터 동쪽으로 터키, 남쪽으로 시리아, 레바논, 요르단, 이스라엘, 팔레스타인 등 지중해를 낀 대부분 지역에서 볼 수 있다. 소나무의 일종으로 밝혀지고 한참 후에야 이 나무가 처음 상세히 연구된 시리아의 도시, '알레포가' 그 이름에 덧붙여졌다. 주로 고도가 낮은 곳에서 볼 수 있지만, 스페인에서는 해발 1000m에서, 북아프리카에서는 해발 1700m에서도 자란다.

적응력이 강해 자연 상태로 두면 잘 자란다. 가지는 몸통의 6m 높이에서 자라지만 지면에 훨씬 가까운 곳에서 뻗어나가기도 한다. 나무 밑동의 껍질은 두껍고 깊은 균열이 있는데 나무 윗부분으로 갈수록 얇아진다. 황록색 또는 진녹색 잎은 길고 뾰족한 바늘 형태다. 어린 솔방울은 녹색이지만 2살 즈음 반질반질한 적갈색으로 변한다.

알레포소나무의 상업적 가치는 솔방울이 익어서 벌어질 때 드러나는 견과에 있다. 이 열매에서 고대 이집트인들이 귀하게 여긴 진액이 나온다. 이집트인들은 거액을 지불하고 이웃 나라에서 진액을 구해 옻나무 진액처럼 미라 제조에 썼다. 그러나 고대 그리스인은 와인 제조라는 다른 용도에도 알레포의 진액을 이용했다.

초창기 와인 제조업자들은 와인을 보존하는 문제로 골머리를 썩었다. 그러다 알레포소나무의 송진으로 와인통의 목 부분을 밀봉하자 문제가 해결되었다. 하지만 와인을 즐기던 고대인들이 모두 와인에 밴 송진 냄새를 좋아한 것은 아니었다. AD 1세기에 로마의 농업 관련 책을 쓴 저명한 저술가 루시우스 콜로멜라Lucius Columella는 송진 냄새가 스민 와인을 유난히 못마땅하게 여겼다. 그럼에도 2000년이 지난 지금 송진이 첨가된 화이트 와인 또는 로제 와인인 레치나retsina는 많은 그리스인에게 사랑받는 국민 음료가 되었다.

Tectona grandis (꿀풀과)

티크 TEAK

철의 나무

성숙한 티크는 키 45m, 둘레 2m에 이른다. 놀랍게도 이 나무는 로즈마리, 바질, 오레가노의 친척으로 꿀풀과에 속한다. 잎은 인도 케랄라 지역에서 잭프루트jackfruit(인도, 말레이시아가 원산지인데 상처를 내면 흰 액체가 나오며 크고 둥근 열매가 몸통에 직접 맺힌다―옮긴이) 경단인 펠라카이 가티Pelakai gatti를 만드는 데 쓰인다. 6~8월 피는 향긋한 꽃은 벌을 유혹해 핵과를 수분한다. 9~12월에 숙성하는 핵과의 과육에는 단단한 씨가 딱 하나 박혀 있다. 잎은 질감이 거칠고 밑면에 솜털이 나 있다.

티크 원산지는 남아시아와 동남아시아의 계절풍림Monsoon forest이다. 전 세계 티크 목재의 3분의 1은 미얀마의 광활한 티크 재배지에서 생산된다. 수요가 늘면서 티크의 자연 개체군은 급감하고 있다. 19세기에 늘어나는 수요를 감당하기 위해 대농장이 생겨났지만, 남용은 계속되었다. 오늘날 상업적으로 재배한 나무들보다 자연산의 품질이 우수하다는 인식이 남아 있어 거대한 야생 나무의 수요는 줄지 않고 불법 벌목이 자행되고 있다.

티크 목재는 견고함 덕분에 귀하게 취급받아왔다. 가공하지 않은 목재도 결이 촘촘하고 반질반질하며 부식에 강하다. 티크로 만든 배는 오래전부터 목선을 파괴하는 연체동물로 악명이 높았던 배좀벌레의 공격에도 끄떡없다. 오만에서 발견된 하라파 시대(BC 3300~1900년경) 난파선은 대부분 티크 재질이었다. 중국에서는 티크를 '철목'이라 부르며 흙 속에 몇 년을 묻어두면 그 성질이 강화된다는 사실을 밝혀냈다. 이렇게 처리한 티크는 파괴되지 않는 범선을 만드는 데 쓰였고, 그 강도는 여러 차례 증명되었다. 티크 선체가 강철 선체와 충돌하면 대체로 후자가 더 큰 손상을 입는다.

티크의 처지는 여전히 매우 우려스럽다. 지속 가능한 농장에서 생산한 티크는 이제 삼림관리협의회FSC의 인증을 받는다. 테라스에 비치할 티크 의자, 탁자, 벤치, 야외용 침상을 구하러 원예 용품점을 방문할 때는 가구에 FSC 인증 마크가 있는지 주의 깊게 확인하자. 티크가 고맙게 여길 것이다.

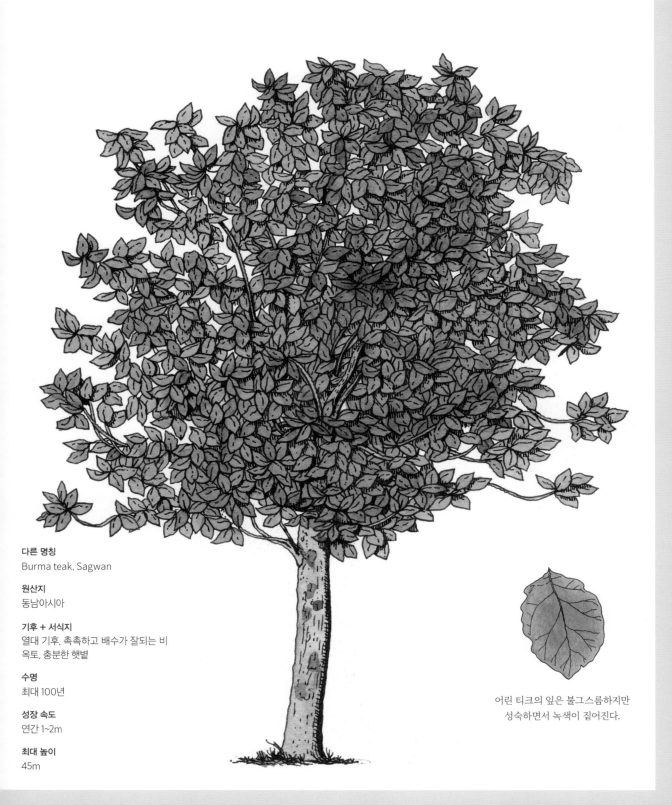

다른 명칭
Burma teak, Sagwan

원산지
동남아시아

기후 + 서식지
열대 기후, 촉촉하고 배수가 잘되는 비
옥토, 충분한 햇볕

수명
최대 100년

성장 속도
연간 1~2m

최대 높이
45m

어린 티크의 잎은 불그스름하지만
성숙하면서 녹색이 짙어진다.

다른 명칭
레바논백향목, 레바논삼나무, Lebanon cedar

원산지
지중해 동부 연안

기후 + 서식지
주로 해발 1300~3000m. 북향 또는 서향 사면의 배수가 잘되는 알칼리성 토양에서 자란다. 일부 자생지에서는 극심한 온도차(-30~30℃)를 견딘다.

수명
최대 2000년

성장 속도
연간 5~10㎝

최대 높이
40m

백향목은 40살 무렵
첫 솔방울을 맺는다.

Cedrus libani (소나뭇과)

백향목 CEDAR OF LEBANON

파라오가 탐낸 나무

위풍당당한 백향목은 한때 지중해 연안의 황야에서 번성했지만 수천 년간 조선과 건설 분야의 수요가 지속되면서 이 지역의 오래된 삼림은 심하게 훼손되었다. 가까운 곳에서 적절한 크기의 나무를 찾지 못하자 고대 이집트인들은 이웃 나라의 백향목을 탐냈다. 고대 이집트 예술을 보면 이집트 문화에서 배가 얼마나 중요했는지 알 수 있다. 파라오의 사후세계를 준비하기 위해 배 1척을 통째로 묻을 정도였다. AD 1세기에 플리니우스(서기 1세기 로마의 장군, 저술가, 철학자, 박물학자로 본명은 가이우스 플리니우스 세쿤두스다-옮긴이)는 이집트인들이 미라를 만드는 과정에서 백향목 수액이나 기름을 쓴다고 설명했는데, 그의 주장은 현대 과학으로 증명되었다.

구약은 백향목을 자주 언급한다. 〈시편〉(29:5, 92:12)에만 해도 이 나무가 수차례 등장한다. "여호와의 소리가 백향목을 꺾으심이여 여호와께서 레바논 백향목을 꺾어 부수시도다 … 의인은 종려나무 같이 번성하며 레바논의 백향목 같이 성장하리로다". 랍비 문학 속의 예언자 이사야는 므낫세왕이 두려워 백향목 속에 숨었지만, 옷자락이 삐져나와 탄로 나고 말았다. 므낫세왕은 그 나무를 반으로 가르라고 명했다.

늘푸른큰키나무 백향목은 중년인 약 50살이 될 때까지 쑥쑥 자라다가 그 후로는 성장 속도가 서서히 둔화된다. 이 나무의 몸통은 지름 2.5m로 거대하다. 껍질은 거칠고 비늘로 뒤덮여 있으며 처음에는 회색이었다가 흑갈색으로 변하면서 깊은 균열이 생겨 조각조각 갈라진다. 바늘잎은 나선형으로 배열되고 꽃은 가을에 핀다. 솔방울이 맺히기까지는 40년이 걸리며 연녹색의 어린 솔방울은 진액을 분비한다.

백향목은 마이애미의 종려나무, 프랑스 북부에서 가로수로 쓰이는 셔우드 오크와 포플러처럼 조경에서 매우 중요한 역할을 하는 특별한 나무다. 또 레바논의 상징으로 국기에도 당당히 그려져 있다. 과거 중부 유럽에서 아프리카 북동부에 이르는 오스만 제국에서 백향목은 세금을 납부할 때 현금을 대신할 수 있었다.

Morus alba (뽕나뭇과)

뽕나무 WHITE MULBERRY

누에의 사랑을 받는 나무

뽕나무는 중국에서 탄생했지만 전 세계로 퍼져나가 이제는 멕시코, 호주, 북미와 남미, 터키와 중동에서도 재배하고 있다. 온대 지역에서는 낙엽성이지만, 열대 지역에서는 상록인 이 나무는 와글와글 달라붙어 잎사귀를 먹어 치우는 누에 덕분에 유명해졌다. 흑갈색 껍질, 진녹색 잎, 새하얀 꽃, 흰색에서 분홍·빨강·검정으로 익어가는 열매를 지닌 우아하고 성장이 빠른 나무다. 최대 18m까지 자랄 수 있지만, 나무치고는 수명이 별로 길지 않다. 대부분은 건강하고 복 많은 인간 정도의 삶을 누린다.

오디는 섬유질과 단백질, 기타 영양소가 풍부한 슈퍼푸드다. 나무껍질은 아시아 전통의학에서 식중독을 치료하는 항세균제로 쓰이며 잎으로 만든 차는 스트레스 완화에 효과가 있다고 한다.

뽕나무는 명주 나무로도 알려져 있다. 전설에 따르면 BC 2696년에 황제의 비 누조嫘祖가 양잠을 발명했다고 한다. 누조가 뽕나무 밑에서 차를 즐기고 있는데 찻잔 속으로 누에고치 하나가 떨어졌다. 고치에서 질긴 섬유가 풀려나오는 모습을 보고 흥미를 느낀 누조는 고치로 옷감을 만들 수 있겠다 싶어 고치의 섬유질로 실 잣는 법을 고안했고 베틀도 발명했다고 전한다. 고고학자들은 황허강 인근 지아후의 8500년 전 분묘에서 비단 조각을 발견했다. 뽕나무를 먹고 자란 누에고치 하나로 300m의 실을 뽑을 수 있다. 이 실로 짠 비단은 수천 년간 중국의 문화와 경제에 중요한 역할을 했다.

이 나무에는 매우 독특한 성질이 있다. 꽃가루를 퍼뜨릴 때가 되면 꽃가루를 생산하는 수술이 새총처럼 움직여 꽃가루를 음속의 절반인 시속 560㎞로 쏘아 보낸다.

다른 명칭
당상唐桑, 백상白桑, 오디나무, 진상眞
桑, Silkworm mulberry

원산지
동아시아, 중앙아시아

기후 + 서식지
냉대와 온대의 초원~난대와 열대의 삼
림을 아우르는 지역. 건조한 기후와 습
한 기후를 가리지 않는다.

수명
80~100년

성장 속도
연간 10~30㎝

최대 높이
18m

오디는 처음에는
흰색이었다가 분홍, 빨강을 거쳐
완전히 익으면 검정이 된다.

흑단의 잎은 물집이 생긴 부위에
반창고로 쓸 수 있다.

다른 명칭
Indian ebony

원산지
스리랑카, 인도, 인도네시아

기후 + 서식지
열대 기후의 습윤한 저지대 상록수림
에서 하층 식물로 자란다. 산성~약염기
성의 다양한 토양.

수명
최대 200년

성장 속도
연간 15~30㎝

최대 높이
25m

Diospyros ebenum (감나뭇과)
흑단 CEYLON EBONY

가구 장인의 선택

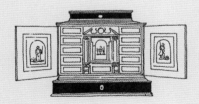

천천히 성장하는 여느 나무들처럼 흑단은 단단한 목재를 생산한다. 흑단은 참나무보다 2배나 단단하다. 이 나무는 주로 스리랑카, 인도네시아, 인도 남부에서 볼 수 있다. 스리랑카는 과거에 실론으로 알려진 나라로 '실론 에보니Ceylon ebony'라는 이름은 여기서 왔다. 키가 25m까지 자라며 굵은 몸통의 8m 높이부터 가지가 뻗어나간다. 변재邊材(목재에서 껍질에 가까운 바깥 부위-옮긴이)는 노란빛이 도는 밝은 회색이지만 그 안의 심재心材(목재에서 중심을 포함하는 안쪽 부위-옮긴이)는 광택이 도는 까만색이다. 온대 기후에서 자라면 흑단은 사촌인 감*Diospyros kaki*을 닮은 조그만 열매를 맺는다. 목재는 부식이 거의 없고 표면이 그 자체로 매끄럽게 반짝이며 습기와 흰개미에 강하다.

고대 이집트인들은 'hbny'라 부른 흑단을 귀하게 여겼는데 수천 년 전부터 거래했다는 증거가 남아 있다. 흑단 목재의 인기는 16~19세기에 절정에 이르렀다. 세상에 그만큼 다양한 용도로 쓰이는 원재료를 제공하는 나무는 거의 없을 것이다. 흑단은 연마하면 완벽하게 매끄러운 싸늘한 금속성 질감을 냈고 섬세하게 조각하거나 다듬을 수 있을 만큼 단단해 장식용 캐비닛, 의자, 상자, 책상, 심지어 연장이나 도구로도 이상적이었다. 무엇보다 뜨개질바늘, 문과 창문 손잡이, 옷걸이, 삼각대, 체스 말, 젓가락, 그리고 비록 '검은 건반을 간지럽히다tickling the ebonies'라는 표현은 인기를 얻지 못했지만('흰 건반을 간지럽히다'라는 뜻의 tickling the ivories는 '피아노를 치다'의 의미로 쓰인다-옮긴이) 고급 피아노의 검은 건반으로도 만들어졌다.

실론 흑단은 지금까지도 모든 흑단 가운데 가구의 재료로는 으뜸으로 꼽힌다. 하지만 이 나무가 귀해지면서 이제는 킬로그램 단위로 판매하고 있다. 지나친 인기로 생존마저 위협받고 있다. 지금 인도와 스리랑카는 흑단을 국제 시장에 판매하는 행위를 법으로 금지하고 있다.

Commiphora myrrha (감람과)

몰약나무 MYRRH

동일 무게의 금과 같은 가치

몰약나무는 3명의 동방 박사가 아기 예수에게 바친 선물의 하나로 잘 알려져 있다. 4대 복음서 가운데 유일하게 선물에 몰약沒藥이 포함되었다고 밝힌 〈마태복음〉(2:11)에서는 확실히 알 수 없지만, 그 선물은 몰약나무에서 채취한 향기로운 수지의 형태였을 가능성이 높다. 당시에도 몰약은 수천 년 전부터 향수와 향, 와인에 섞어 마시거나 피부에 발라 부기와 통증을 완화하는 약품으로 쓰이고 있었다. 또 시체를 방부 처리하고 불쾌한 악취를 감추는 수단으로도 쓰였다.

아라비아반도와 아프리카 일부 지역의 건조하고 황량한 환경에 적응한 몰약나무는 억세고 튼튼하다. 이 나무는 초록 잎이 노랑에서 희불그레한 주황으로, 다시 빨강으로 변하는 가을에 가장 아름답다. 구불구불한 몸통은 짧고 굵은 것도 있고 홀쭉하고 멀쑥한 것도 있다. 가지가 몸통 위로 빽빽이 뻗어 우산 모양의 커다란 차양을 이룬다. 수액을 뽑으려면 나무껍질에서 변재까지 반복해 깊은 홈을 파야 한다. 그 홈에서 걸쭉한 수액이 흘러나온다. 석 달이 지나면 그 수액이 굳어 맑고 불투명한 연노랑에서 흰 줄무늬가 있는 진노랑으로 숙성된다. 몰약 수지 조각은 날것째 중국 약재로 쓰인다.

BC 2487~2475년 제5왕조 2대 파라오였던 사후레Sahure는 몰약이 동일 무게의 금과 같은 가치가 있다고 판단했다. 파라오로서 나라를 통치하던 마지막 해에 현재 이집트의 남서쪽으로 추정되는 전설의 땅인 푼트로 원정을 떠났다. 그곳은 금과 아프리카흑단, 상아, 야생 동물, 몰약을 수출하는 무역 국가였다. 원정대는 몰약 8만 포대를 가지고 돌아왔고 그 후 사후레는 고대 이집트 해군을 최초로 창설했다고 전해진다.

다른 명칭
African myrrh, Common Myrrh,
Gum myrrh, Herbal myrrh, Somali
myrrh

원산지
사우디아라비아, 소말리아, 에티오피
아, 오만, 케냐

기후 + 서식지
탁 트인 초원의 메마른 석회암 토양, 무
더운 아열대 또는 열대 기후, 강우량이
거의 없는 곳

수명
기록이 없음

성장 속도
연간 20~60㎝

최대 높이
5m

몰약나무의 뒤틀린 가지는 뾰족한
가시로 덮여 있다.

벚나무는 같은 꽃 안에 암술과 수술이
공존하는 자웅동체다.

다른 명칭
양앵두나무, 체리나무, Gean, Sweet
cherry

원산지
유럽 북서부·중부

기후 + 서식지
온화~한랭한 기후의 비옥한 토양에서
낙엽림이나 생울타리로 자란다.

수명
70~100년

성장 속도
연간 30~60㎝

최대 높이
30m

Prunus avium (장미과)
양벚나무 WILD CHERRY

붉은 베니어

신양벚나무*Prunus cerasus*와 양벚나무는 모든 벚나무 재배 품종의 조상이다. 시인 하우스먼A. E. Housman에게 벚나무는 영감의 원천이었다. 시집 《슈롭셔의 젊은이A Shropshire Lad》에 수록된 두 번째 시는 이 아름다운 나무의 찬미가나 다름없다. "온갖 나무 가운데 가장 사랑스러운 벚나무는 지금/가지 한가득 꽃을 늘어뜨리고…". 러시아의 위대한 극작가 안톤 체호프는 희곡 〈벚꽃 동산The Cherry Orchard〉에서 가장 극적인 마지막 순간에 벚나무를 등장시켰다. 벚나무를 쓰러뜨리는 도끼 소리 위로 막을 내리면서 옛 러시아 귀족과 새 러시아 부르주아의 어리석음을 강조한다.

벚나무는 1년 내내 아름답다. 자줏빛 도는 회색 껍질은 겨울이면 금속 광택을 띠고 울퉁불퉁한 갈색 숨구멍(껍질눈)이 두드러진다. 새하얀 꽃으로 뒤덮인 모습도 빼어나게 아름답다. 4월이면 연갈색 겨울눈에서 잎자루가 긴 타원형 잎이 돋아난다. 잎은 끝으로 갈수록 가늘어지며 가장자리는 톱니 모양이다. 가을에 잎은 화려한 금빛, 주황빛, 진홍빛으로 변한다. 벚나무 잎은 꽃 바깥쪽과 잎 시작 부분의 꽃밖 꿀샘(밀선蜜腺)으로도 유명하다. 이 부위에서는 개미를 유인하고 해충으로부터 잎을 보호하는 달콤한 물질이 배출된다.

그토록 거창한 서막이 끝난 후에 찾아오는 양벚나무 열매는 인간 입장에서 꽤 실망스럽다. 버찌는 달콤하고 자극적이며 껍질은 조금 두껍다. 그러나 새들은 즙이 많은 과육을 즐겨 먹으므로 6월 말 즈음이면 열매가 나무에 남아나지 않는다. 플리니우스라면 둘키스dulcis(달콤함)와 아세르acer(시큼함)를 기준으로 정리한 과일 목록에서 체리를 어디에 위치시킬지 궁금하다.

인간이 벚나무를 이용했다는 증거 중 가장 오래된 것은 현재의 잉글랜드 이스트서식스주 이스트본에 있는 선사 시대 석호의 나무집터 유적이다. BC 2400년에 조성된 이 초기 집터에는 참나무와 양벚나무 말뚝이 쓰였다. 5000년이 지난 지금도 적갈색 벚나무는 선반, 합판, 바퀏살, 가구의 다리, 악기, 탁자, 담뱃대의 재료로 쓰이고 있다.

Prunus dulcis (장미과)

아몬드나무 ALMOND

은혜와 풍요

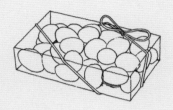

자두, 복숭아, 체리의 친척뻘인 아몬드나무는 비타민B가 풍부한 핵과를 생산한다. 이른 봄에는 앙상한 가지에 연분홍 꽃을 피운다. 꽃은 딱딱하고 물기가 없는 열매가 된다. 살이 별로 없고 단단한 과육이 아몬드의 껍질을 감싸고 있다.

아몬드나무는 BC 2000년부터 재배했다. 투탕카멘의 무덤 속, 왕의 사후세계를 위해 준비된 수천 가지 물품 중에서도 아몬드가 발견되었다. 《성경》에도 아몬드가 자주 등장한다. 〈민수기〉(17:8)에는 "모세가 증거의 장막에 들어가 본즉 레위 집을 위하여 낸 아론의 지팡이에 움이 돋고 순이 나고 꽃이 피어서 살구(아론의 지팡이에서 열린 열매가 아몬드인데 우리나라에서 번역한 《성경》은 '살구'라고 표현했다-옮긴이) 열매가 열렸더라"라는 내용이 나온다. 그러나 〈전도서〉(12:5) 내용은 다소 암울하다. 아몬드나무의 꽃이 악마의 날에 닥칠 공포의 하나로 열거되어 있다.

아몬드나무는 중동의 지중해 연안이 원산이다. 이 지역에서 아몬드는 씨앗부터 쉽게 기를 수 있어 일찍부터 재배한 식물이었다. 훨씬 온화한 기후에서도 자란다지만 아몬드는 주로 미국, 스페인, 모로코, 호주에서 재배한다. 캘리포니아는 전 세계 아몬드 생산의 중심지로 꽃을 대규모로 수정시킨다. 아몬드 꽃의 수정에 필요한 벌을 충분히 확보하기 위해 미국 전역에서 100만 개에 이르는 벌집을 트럭으로 날라 온다. 그 결과 매년 200만 톤의 아몬드를 수확하고 있다.

아몬드 씨앗은 날것째 먹기도 하지만 소금을 치거나 볶거나 데쳐 요리에 다양하게 활용한다. 'Mblas'라는 설탕 뿌린 아몬드는 중동에서 인기 있는 간식으로 인생의 쓸쓸함과 사랑의 달콤함을 상징한다. 가공 아몬드로는 아몬드버터와 채식주의자들이 환영하는 식품인 아몬드밀크를 제조하거나 꿀, 설탕과 섞어 누가나 마지팬을 만든다. 기름기가 적고 물기가 많으며 사이안화수소의 독성이 적은 쌉싸름한 아몬드를 맺는 품종도 있다. 쓴 아몬드는 과거에 이탈리아에서 아마레티amaretti(아몬드 마카롱)를 만드는 재료로 쓰였다.

다른 명칭
감편도甘扁桃, Sweet almond

원산지
서남아시아, 중앙아시아

기후 + 서식지
지중해성 기후. 여름은 따뜻하고 건조
하며 겨울은 온화하고 다습한 농경지.
덤불이 우거진 바위투성이 사면의 촉
촉하고 배수가 양호한 토양

수명
60~80년

성장 속도
연간 40~80㎝

최대 높이
10m

두껍고 퍽퍽한 녹색 과육인 겉껍질이
아몬드 견과의 껍질을 감싸고 있다.

계피 잎에서 추출한 오일은 비누, 크림,
아로마 테라피 등에 쓰인다.

다른 명칭
시나몬, 육계나무, Ceylon cinnamon
tree, Sweet wood

원산지
스리랑카, 인도

기후 + 서식지
해발 0~2000m 열대림의 촉촉하고 배
수가 양호한 토양

수명
최대 100년

성장 속도
연간 30~100㎝

최대 높이
20m

Cinnamomum verum (녹나뭇과)

실론계피나무 CINNAMON

고대의 진귀한 생산품

진귀한 향신료인 계피의 인기는 유사 이래의 기록으로 꾸준히 증명되었다. 이집트인들은 BC 2000년부터 계피를 수입했다. 고대 향신료 이동 경로의 길목에 위치한 이집트에서 계피의 수요가 커지자 아랍 무역상들은 이윤을 많이 남길 수 있는 이 향신료를 지배하기 위해 각축을 벌였다. 플리니우스에 따르면, 계피 350g에 은 5kg보다 비싼 가격을 책정했다. 무역상들은 큰돈을 벌었지만, 서양 사람들은 수백 년간 계피가 어디서 오는지 까맣게 몰랐다. 그리스 역사학자 헤로도토스(BC 484~425)는 전설 속 계피 새가 계피를 만들어낸다고 믿었고 1000년 뒤에 십자군은 계피를 물고기에서 얻는다는 소문을 들었다.

계피의 출처는 더이상 비밀이 아니다. 바로 계피나무의 껍질과 잎에서 얻는다. 현대에는 지면 높이에서 가지를 쳐내어 계피나무를 작게 키우는데, 그렇게 하면 이듬해에 10여 개의 새순이 돋는다. 시간이 흐르면 계피나무는 뒤집힌 원형 천막의 형태가 된다. 향신료를 만들 때는 나무껍질의 안쪽을 대롱 모양으로 저민 다음 말려서 빻는다. 잎과 잔가지는 쪄서 계피 오일을 얻는다. 하지만 오일과 파우더는 대부분 중국 계피인 *Cinnamomum cassia*로 만든다.

계피나무는 타원형의 잎과 장과, 두툼한 나무껍질이 특징인 늘푸른나무다. 겨울 기온이 -1~2도 이하로 떨어지지 않는 지역에서 계피나무는 멋진 관상수로 성장한다. 붉은 기운이 도는 어린잎은 반질반질한 연녹색으로 성숙한다.

계피의 역사는 파란만장하다. 홧김에 아내를 살해한 다음 회한에 빠진 네로 황제는 계피 1년 치 생산량을 모조리 불 싸지르라고 명령했다. 술의 신 바쿠스를 숭배하는 사람들은 계피로 만든 향료주를 즐겼다. 17세기 인도 해안에서 계피의 출처를 발견한 네덜란드인들은 무역의 독점권을 유지하기 위해 지역 군주에게 뇌물을 주고 나무를 모조리 없애버렸다.

파라고무나무 RUBBER TREE

아마존에서 탄생한 나무

낙엽성의 고무나무는 아마존 밀림에서 40m까지 자랄 수 있지만, 쓰임새가 풍부하고 독특한 자원인 이 나무를 그대로 두는 일은 드물다. 이 나무는 신발 밑창부터 승용차, 트럭, 자전거, 버스 타이어까지 현대인의 생활에 없어서는 안 되는 제품들의 재료인 천연고무를 생산한다. 하지만 이 나무의 존재조차 모르고 고무가 실험실에서 만들어지는 줄 아는 사람도 적지 않다.

고무나무에서 라텍스(생고무)를 생산하려면 나무를 손상하지 않고 수액이 배출될 만큼 충분히 절개해야 한다. 이 나무는 곤충과 초식 동물의 공격을 방어하기 위해 고무를 만들어낸다. 그 독성과 점착성으로 라텍스는 곤충을 꼼짝 못 하게 붙잡거나 입을 막을 수 있다. 인공 재배한 고무나무의 수액을 채취하면 성장이 제한되거나 지체되어 야생 개체에 비해 수명이 짧아진다. 나이가 들수록 이 나무의 라텍스 생산량은 점점 줄어들어 농장의 고무나무는 대부분 25~30년에 잘려나간다.

약 4000년 전 메소아메리카의 올메크Olmec인은 고무나무 수액으로 신발을 만들거나 발에 직접 발랐다. 메소아메리카에는 고무로 공을 만들어 놀이에 썼다는 고고학적 증거도 있다. 이 놀이는 로마 제국의 검투사 시합처럼 올메크인의 문화에서 중요한 비중을 차지했다. 다른 증거에 따르면, 이 구기 운동은 검투사의 경기 못지않게 잔인했다고 한다.

유럽인들은 라텍스를 훨씬 나중에 발견했다. 프랑스 탐험가 샤를 마리 드 라 콩다민Charles Marie de La Condamine은 라텍스에 대한 과학 논문을 1751년에 왕립과학아카데미에 처음 제출한 인물이다. 찰스 굿이어Charles Goodyear, 찰스 매킨토시Charles Macintosh, 토머스 핸콕Thomas Hancock 등의 19세기 기업가들은 고무의 상업적 잠재력을 알아봤다. 아마존 다우림의 야생 고무나무는 결국 엄청난 부를 창출했다. 그 말은 남은 나무가 거의 없다는 뜻이다.

다른 명칭
Para rubber tree, Sharinga tree

원산지
남아메리카 아마존 지역

기후 + 서식지
열대 다우림의 중층 나무. 강기슭처럼
물에 접근하기 쉽고 배수가 양호한 토
양

수명
최대 100년

성장 속도
연간 6~15㎝

최대 높이
40m

고무나무는 대개 1년에 두 차례,
건기 동안 잎을 바꾼다.

다른 명칭
단향, 백단나무, Sandalwood, White Indian sandalwood

원산지
인도, 인도네시아, 중국, 필리핀

기후 + 서식지
반기생, 건조한 낙엽수림, 아열대 또는 열대 기후. 강알칼리성이나 얕고 자갈이 많은 곳을 제외한 배수가 원활한 토양

수명
알 수 없다. 20년 이상 온전히 남아 있는 개체가 매우 드물다.

성장 속도
연간 10~25㎝

최대 높이
20m

백단향은 연중 꽃을 피워 수분을 도와줄 개미와 벌을 유인한다.

Santalum album (단향과)

백단향 INDIAN SANDALWOOD

향기로운 연기

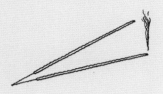

이 나무의 원산지인 인도 남부에서는 4000년 동안이나 백단향의 정유精油를 이용했다. 고대 그리스인들은 분향 의식과 시신의 방부 처리에 백단향을 썼다. 고고학자들은 중국 난징의 다바오은 사원大報恩寺 밑에서 귀중한 백단향 공예품을 발굴했다. 금은으로 마감하고 보석을 박아 화려하게 장식한 백단향 승탑(부처를 상징하는 조형물)이 돌 상자 안에서 발견된 것이다. 그 탑 안에는 인간 해골의 조각이 있었다. 중국 과학자들은 그 조각이 불교를 창시한 싯다르타 고타마 왕자의 것이라고 믿었다. 백단향은 힌두교 아유르베다(인도의 고대 의학, 장수학-옮긴이)에서도 중요하다. 힌두교에서는 시바신의 숭배에 이 나무를 이용한다. 백단향은 또 자이나교, 수피즘, 조로아스터교와 한국, 일본, 중국의 종교와도 밀접하게 관계있다.

인도의 백단향은 생존을 위협받고 있지만, 현재 이 나무는 파키스탄과 네팔, 최근에는 호주 서부에서도 재배되고 있다. 백단향은 한때 흑단으로 알려졌던 아프리카흑단에 이어 세계에서 2번째로 비싼 목재다. 파키스탄에서는 백단향이 정부 소유이며 목재뿐 아니라 오일 사용도 엄격하게 통제하고 있어 최근 킬로그램당 가격이 2000달러까지 치솟았다. 2009년 호주 서부에서는 백단향 2만 kg을 생산하기도 했다.

가치가 워낙 높다 보니 백단향은 멸종 위기에 처했다. '반기생'이라는 생태적 특성이 백단향 보존에 장애가 되고 있다. 백단향은 인접한 나무, 특히 '아카시아' 같은 질소고정 식물에서 영양분을 빼앗으며 증식한다. 상업적 가치 역시 큰 위협 요소다. 이 나무는 10년을 자라야 향기로운 목재를 생산할 수 있는데 사람들은 목재를 이용하기 위해 일반적으로 나무를 통째로 뽑아 몸통과 뿌리를 모두 채취한다.

백단향의 심재는 묵직하고 노랗고 결이 곱다. 벌목한 지 몇 년이 지나도록 그 달콤하고 칼칼한 흙 내음은 사라지지 않는다. 3~4월엔 작고 앙증맞은 꽃이 피는데 색상은 녹갈색부터 적갈색, 암적색까지 다양하다. 껍질은 매끄럽고 색이 짙다. 어린나무는 검정에 가깝지만 깊은 수직 균열을 지닌 멋진 모습으로 성숙한다.

Malus pumila (장미과)
사과나무 APPLE

금단의 열매

〈창세기〉(3:5)에 등장하는 금단의 열매가 글자 그대로 또는 비유적으로 사과라는 누명을 벗으려면 뛰어난 변호사가 필요할 것이다. 버섯을 포함한 포도, 석류, 무화과, 캐럽, 시트론, 배 등 피의자의 목록은 아주 길다. 고대 유대 경전 《에녹》은 문제의 열매가 타마린드나무(여러 개의 씨앗이 담긴 커다란 꼬투리를 맺는 아프리카 원산의 콩과 식물-옮긴이) 열매임을 암시한다. 사과를 변호하는 한 가지 논리는 '악'이라는 뜻의 'malum'이라는 단어가 라틴어로 '사과'를 뜻하는 다른 단어와 혼동되었다는 주장이다.

사과나무는 금단의 열매를 맺기에는 굉장히 선하다. 그야말로 아낌없이 주는 나무다. 사과나무 장작은 모닥불을 활활 잘 태우고 봄에 피는 분홍과 흰색의 꽃은 정원이나 과수원을 아름답게 장식할 뿐 아니라 꿀벌에게 꿀을 제공한다. 인간, 동물, 새, 곤충은 모두 사과라는 과일을 좋아한다. 사과는 아마도 인간이 맨 처음 재배하기 시작한 나무일 것이다.

BC 1900년경 제작된 수메르 설형 문자 필사본에는 사과 정원에 관한 내용이 등장한다. 현재의 이라크 나시리야 인근인 우르의 푸아비 왕비 무덤 속 접시에서 발견되었다는, 말려서 한 줄로 엮은 고리 모양 사과 역시 비슷한 연대의 고고학적 증거다. 식물학자들은 대체로 카자흐스탄의 자생종 *Malus sieversii*에서 3000종이 넘는 오늘날의 사과 품종이 비롯되었다고 본다.

미국에는 사과나무를 널리 전파했다는 전설 속 인물이 있다. 구전 설화에서 '조니 애플시드'로 알려진 존 채프먼John Chapman은 19세기 초 캐나다를 시작으로 미국 북동부를 여행하며 지역 농민들에게 사과를 소개하고 그 아름다움과 효능에 대한 지식과 종자를 퍼뜨린 선구자였다. '애플파이만큼 미국적이다'라는 표현은 그의 덕을 많이 보았다.

다른 명칭
빈파瀕婆, 평과苹果, Paradise apple,
옛 학명 *Malus domestica*와 *Malus
communis* 등도 간혹 쓰인다.

원산지
중앙아시아 산지

기후 + 서식지
탁 트인 산악 지역, 나무가 무성한 산비
탈, 온대 기후, 촉촉하고 배수가 잘되는
다양한 토양

수명
최소 200년

성장 속도
연간 30~60㎝

최대 높이
9m

대부분 사과 꽃은 처음 필 때는
분홍색이었다가 개화 시기가 지나고
시들 무렵에는 흰색이 된다.

다른 명칭
사이프러스시다, Italian cypress,
Persian cypress

원산지
북아프리카, 서아시아, 지중해 동부

기후 + 서식지
사면이나 협곡, 때로 바위틈. 지하에 석
회암이 깔린 돌투성이 흙, 건조하고 무
더운 여름과 다양한 강수량을 아우르
는 겨울

수명
150년. 600년 이상 생존한 것으로 추
정되는 개체도 있다.

성장 속도
연간 30~60㎝

최대 높이
20m

사이프러스는 대개 서로 다른 가지 끝에
조그만 암수 솔방울을 맺는다.

Cupressus sempervirens (측백나뭇과)
사이프러스 Mediterranean Cypress

저승의 수호자

지중해의 사이프러스는 수천 년간 원산지의 경관을 책임졌다. 사이프러스는 사후에 영혼이 향하는 어둠의 세계인 저승과 밀접하게 관계있다. 이집트에서는 관의 재료로 쓰였고 고대 그리스에서는 죽은 병사의 유해를 사이프러스 항아리에 담았기 때문일 것이다. 그리스도가 못 박힌 십자가가 사이프러스로 만들어졌다고 믿는 사람도 있다. 지중해 연안 국가에서는 묘지에 주로 사이프러스를 심는다. 수명이 길어 한결같이 곁을 지키는 엄숙한 수호자가 될 수 있다.

사이프러스 목재가 이용된 가장 유명한 고고학적 증거는 BC 1323년경 제작된 투탕카멘 관이다. 매장 당시에 크기를 꼭 맞추려고 관 뚜껑의 일부를 엉성하게 잘라낸 파편들이 발견되었다. 이 파편을 분석해보니 사이프러스로 밝혀져 내구성이 증명되었다. 사이프러스 관은 3200년이나 석관의 엄청난 무게를 떠받친 것이다.

사이프러스의 튼튼함을 높이 산 고대 그리스와 로마인들은 목재를 궁전의 문으로 썼다. 로마의 성 베드로 대성당에 쓰인 사이프러스 문짝들은 1000년을 버텼다고 한다.

모양이 연필을 닮아서 '파스티기아타' 또는 '스트릭타'로 알려진 사이프러스나무 품종은 르네상스 시대에 유행한 이탈리아 정원의 설계에서 상징적인 요소가 되었다. 호리호리한 형태라 작은 정원이나 좁은 길거리에 이상적이다. 더위와 가뭄을 잘 견뎌 변해가는 지구의 기후에도 꿋꿋이 적응할 수 있다.

지중해의 사이프러스는 세련된 형태로 조경을 돋보이게 하는 나무 가운데 하나다. 엽서와 영화, 태블릿 화면 등에 종종 등장하는 좁다란 몸통과 진녹색 우듬지는 한때 이탈리아, 그리스, 크로아티아, 터키, 키프로스 일대의 휴양지를 연상시켰다. 빈센트 반고흐는 작품 〈별이 빛나는 밤The Starry Night〉(1889)의 전경에서 생레미 마을의 사이프러스에게 영원한 생명을 부여했다.

사이프러스는 칭찬할 게 하나 더 있다. 나무의 어린잎과 줄기를 증류해 얻는 오일이 갈수록 인기를 얻고 있다. 가볍고 칼칼하면서도 싱그러운 소나무 향은 로션과 동종요법 치료에 널리 쓰이고 있다.

Ficus sycomorus (뽕나뭇과)
돌무화과나무 Sᴄᴀᴍᴏʀᴇ Fɪɢ

생명을 주는 나무

고대 이집트에서 돌무화과나무는 생명을 주는 신성한 나무였다. 이 나무의 존재는 척박해 보이는 지역에 신선한 물이 있다는 표시였으며 열매가 주렁주렁 달린 가지는 풍부한 그늘과 먹거리를 제공했다. 그런 혜택은 자비로운 절대자, 특히 태양의 신 라의 딸이며 하늘의 신 호루스Horus의 아내인 하토르Hathor 여신이 내려준 축복으로 여겨졌다. 하토르와 돌무화과나무는 공통으로 삶과 죽음을 상징했기에 이 나무는 일상의 삶뿐 아니라 장례식과 내세로 떠나는 여행길에도 존재한다는 믿음이 있었다. 실제로 이집트의 투탕카멘은 사후에도 돌무화과를 풍족하게 누렸다. 투탕카멘의 무덤 내부의 많은 보물이 담긴 튼튼한 바구니에 돌무화과가 있었다.

돌무화과나무는 투탕카멘의 명예를 상징했다. 건조한 땅에서 살아야 했던 백성은 늘 목재가 부족했기에 돌무화과나무 목재도 신중하게 이용해야 했다. 고대 이집트인들은 이 목재를 건설, 가재도구와 농기구, 관 제작에 썼다. 오늘날에도 장인들은 이 나무로 다양한 도구를 만들지만, 흰개미에 취약해 건축에는 잘 쓰지 않는다.

나무의 몸통은 땅딸막하다. 윗부분에는 햇볕을 막아 자비로운 그늘을 만드는 가지와 잎이 거대한 피라미드를 이룬다. 열매는 일반 무화과나무(→P.18)와 생산성에서 경쟁이 안 되지만 즙이 많고 달콤해 날것으로 또는 삶거나 말려서 섭취할 수 있으며 술의 재료로도 쓰인다. 진홍색 무화과는 연중 열리며 이 나무의 수분을 돕는 공생 말벌을 평생 먹여 살린다. 돌무화과나무 열매는 빽빽하게 송이를 이뤄 몸통과 성숙한 가지에 딱 붙어서 자라는데 그 모습은 신기하면서도 아름답다.

이 나무는 《성경》에도 등장한다. 〈시편〉(105:33)(우리나라에 번역된 《성경》에서는 ‘돌무화과나무’를 ‘무화과나무’로 표현했다. “그들의 포도나무와 무화과나무를 치시며 그들의 지경에 있는 나무를 찍으셨도다”-옮긴이)에서 돌무화과나무는 이집트의 7대 재앙으로 완전히 사라졌다고 나온다. 〈누가복음〉(19:4)에 예리코에서 세관장 삭개오는 예수가 예루살렘으로 입성하는데 “앞으로 달려가서 보기 위하여 돌무화과나무에 올라”갔다고 한다.

다른 명칭
Mulberry fig, Pharaoh's fig

원산지
동아프리카, 북아프리카, 서남아시아

기후 + 서식지
개울·강·늪·웅덩이 주위에서 발견되
거나 농지에 단독으로 발견되는 흔한
사바나의 나무. 삼림과 상록의 숲 주변,
개간지에도 서식한다. 깊고 배수가 잘
되고 비옥한 양질토나 점질토粘質土에
서 잘 자라지만 척박한 흙에서도 살 수
있다.

수명
최대 700년

성장 속도
연간 1~1.5m

최대 높이
20m

돌무화과는 일반 무화과보다 조금
더 달콤하고 향이 강하다.

다른 명칭
Grecian laurel, Sweet bay,
True laurel

원산지
아프리카, 에게해 동부의 여러 섬, 유럽

기후 + 서식지
지중해성 기후~아열대, 열대 기후까지
다양한 조건에 적응했다. 촉촉하고 비
옥하며 배수가 양호한 산성~약알칼리
성 토양. 일단 자리를 잡고 나면 건조한
환경을 잘 견딘다.

수명
최소 60년

성장 속도
연간 20~40㎝

최대 높이
18m

쓰임새가 다양한 상록의 월계수는
생잎 또는 말린 잎을 식용으로 쓴다.
말린 잎은 조금 매큼한 맛이 난다.

Laurus nobilis (녹나뭇과)

월계수 BAY

승리의 상징

월계수는 이스라엘 민족과 자주 충돌했다는 이유로 구약에서 사악하게 그려진 블레셋인 덕분에 옛 지중해 문명에서 대단한 상징성을 얻었다. 역사를 통틀어 블레셋인은 야만인 취급을 받았지만, 오늘날 이스라엘 바일란대학의 고고학자들을 주축으로 한 많은 학자가 블레셋인을 BC 1200~600년에 중동에서 농업 혁명을 일으킨 주역으로 본다. 이제 블레셋인은 그 지역에 여러 유용한 작물을 도입했고 월계수 같은 토착 식물의 효능을 제대로 검증한 사람들로 평가받아야 할 것이다.

고대 그리스에서 월계수는 영광·승리·명예의 상징으로, 아폴로에게 바치던 월계관의 재료로 쓰였다. 그렇다 보니 승리를 쟁취한 전사, 체육 행사의 우승자, 위대한 시인에게도 월계관을 수여했다. 특히 '계관 시인Poet Laureate'이라는 칭호는 여기서 왔다. 고대 그리스의 사제들은 약한 마약 성분이 함유된 월계수 잎을 먹고 환각 상태에서 미래를 예언했다.

졸업생들이 옷에 월계수 가지를 꽂는 관습으로 인해 '월계수 열매'를 뜻하는 라틴어 *baccalaureus*는 대학 졸업자들을 가리키게 되었다. 이 단어에서 파생된 'bachelor'에는 '미혼 남자'라는 의미가 있다. 로마에서도 월계수를 고귀한 나무로 여기고 위대한 인물들에게 월계관을 씌웠다. 월계수가 사악한 마술, 질병, 번개를 막아준다고 믿고 건축물에도 그 이미지를 조각했다.

오늘날 월계수 잎은 요리에 널리 쓰이는 향신료다. 월계수는 포근한 온대 기후라면 정원, 대형 용기, 실내 화분에서도 잘 자란다. 월계수 오일은 마사지 치료에 쓰이며 관절염과 류머티즘을 완화한다고 알려져 있다. 아로마 테라피에서는 귓병과 고혈압 치료에 이용된다. 삶은 월계수 잎으로 만든 습포제는 옻나무와 쐐기풀로 일어난 발진을 치료하는 민간요법이다.

Theobroma cacao (아욱과)

카카오 CACAO

달콤 쌉싸름한 일용 식품

카카오는 초콜릿 원료로 널리 알려져 있다. 그러나 꼬투리의 달콤한 과육은 알코올 음료로 먼저 이용되었다. 온두라스의 푸에르토 데스콘디도의 유적지에서 다른 토기와 함께 발견된 BC 1100년 전 병 속에서 카카오 잔여물이 검출되기도 했다. 카카오 콩이 주는 행복은 약 1000년 뒤에야 세상에 알려졌다. 마야 상형 문자에는 건강과 활력을 위한 *chocolatl* 또는 *xocolatyl* 음료를 만드는 법이 기록되어 있다. 곱게 간 카카오 콩, 칠리, 옥수수가루, 꿀을 발효된 카카오 과육에 섞어서 만든다.

이 시대의 예술 작품들을 보면 카카오가 지참금으로 이용되는 등 부자들의 삶에서 중요한 역할을 했음을 알 수 있다. 초기 마야 기록에 따르면, 여성은 코코아를 준비해 거품을 제대로 낼 수 있음을 증명해야 했다. 매년 4월 마야인들은 카카오의 신 에크추아Ek Chuah를 위해 축제를 열었다. 에크추아의 신체적 특징 중 하나는 초콜릿을 끊임없이 씹어 먹어서 검붉게 변한 입술이다. 아즈텍족도 카카오 콩을 귀중하게 여겨 현금 대용으로 썼다. 카카오 콩 80~100개면 새 외투를 살 수 있었다고 한다.

1502년 크리스토퍼 콜럼버스가 스페인에 카카오 콩을 들여왔다. 몇 년 후 스페인 정복자들은 귀한 콩을 독점할 요량으로 멕시코를 찾아갔다. 1634년 네덜란드는 스페인 영토 밖으로 종자를 빼돌리는 데 성공해 스리랑카의 대농장으로 가져갔다.

1828년 네덜란드인 카스파루스 반 하우텐Casparus van Houten Sr이 카카오 압착기를 발명해, 볶은 콩에서 버터와 지방을 분리하고 카카오가루를 만든 다음 다시 버터와 설탕을 섞어 고체로 바꿨다. 1847년 영국 프라이스Fry's 초콜릿 공장에서 현재 우리가 먹고 있는 최초의 초콜릿 바를 제조했다. 1876년 스위스 초콜릿 제조업자 다니엘 페테르Daniel Peter가 우유가루를 더해 밀크 초콜릿을 만들었다.

커다란 카카오 꼬투리는 관상용으로도 가치가 있다. 분홍 또는 흰색의 조그만 꽃송이는 작은 파리들의 도움을 받아 수분한다. 과실이 노랑~주황으로 익어가면서 그 무게를 몸통과 나무의 성숙한 가지가 부담하게 된다. 다음번 초콜릿 상자를 열 때면 모든 것의 시작이 되어준 조그만 파리에게 작은 감사를 표시하자.

다른 명칭
Cacoa, Cocoa

원산지
남아메리카 북부, 멕시코, 중앙아메리
카

기후 + 서식지
다우림의 대형 상록수 밑, 비옥하고 촉
촉하며 배수가 양호한 약산성~염기성
토양

수명
최대 200년

성장 속도
연간 50~100㎝

최대 높이
8m

초콜릿을 만드는 씨앗은 커다란
카카오 꼬투리 안에 담겨 있다.

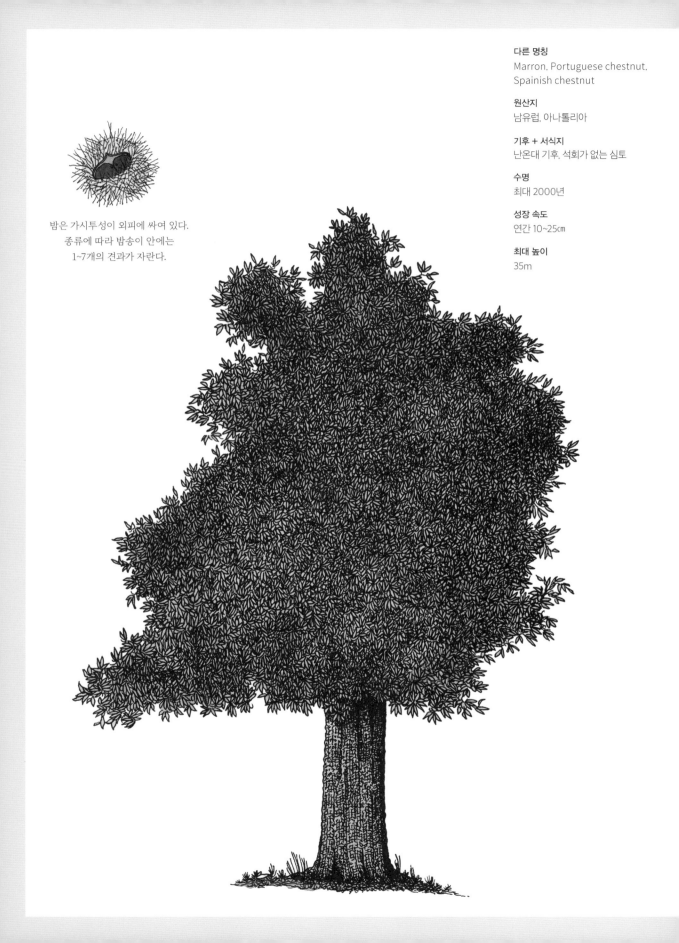

밤은 가시투성이 외피에 싸여 있다.
종류에 따라 밤송이 안에는
1~7개의 견과가 자란다.

다른 명칭
Marron, Portuguese chestnut,
Spainish chestnut

원산지
남유럽, 아나톨리아

기후 + 서식지
난온대 기후. 석회가 없는 심토

수명
최대 2000년

성장 속도
연간 10~25㎝

최대 높이
35m

Castanea sativa (참나뭇과)
유럽밤나무 SWEET CHESTNUT

곧은 문

유럽밤나무는 빙하기 이전부터 존재하다가 살아남아 고향인 캅카스에 살던 개체군으로부터 전 세계로 전해졌을 것이다. 이 나무의 종명인 *sativa*(재배된)는 이 종이 주로 인간의 도움을 받아 퍼져나갔음을 가리킨다. 밤나무에 대한 가장 오래된 문헌 기록은 고대 그리스에서 찾아볼 수 있다. 아마 그리스에서 로마와 로마 제국으로 소개되고 AD 100년경 브리튼으로 건너갔을 것이다. 브리튼에서 영양이 풍부한 밤은 폴렌타 polenta(옥수수 갈아 만든 이탈리아 음식의 일종-옮긴이)가루와 섞여 군인들의 주식으로 쓰였다.

거대하고 웅장한 밤나무는 참나무, 너도밤나무와 같은 과에 속한다. 그래서인지 참나무와 너도밤나무의 일부 종은 잎 모양이 비슷하다. 유럽밤나무는 수명이 매우 길다. 유럽 곳곳에서 1000살이 넘어 옹이 지고 갈라지고 밑동은 둥글넓적한 게 나무가 걸릴 수 있는 병이란 병은 다 겪었을 몰골을 하고 있지만, 용케 살아남은 나무들을 볼 수 있다. 잉글랜드 글로스터셔의 작은 마을 이름을 딴 토트워스밤나무Tortworth Chestnut는 AD 800년에 식재되었다고 추정되며 그것의 존재에 대한 문서 기록은 1150년으로 거슬러 올라간다.

견과류로서는 드물게 유럽밤나무는 지방과 단백질 함량이 낮아 신세계에서 감자가 들어오기 전인 중세에 탄수화물의 중요 공급원이었다. 이 나무는 목재로서도 가치가 있다. 밤나무가 자라는 숲은 저목림低木林 작업이라는 과거의 전통을 시험하는 장이 되기도 한다. 어린 밤나무는 쑥쑥 자라 길고 곧은 장대가 된다. 목재는 쪼개기 쉬워 허들, 대문, 울타리 기둥, 말뚝 등을 만드는 데 이용된다. 장작으로도 훌륭하지만, 불꽃이 잘 일어 모닥불에 쓸 때는 주의가 필요하다!

수 세기 동안 크리스마스와 새해에는 거리에서 군밤을 팔곤 했다. 영국의 도시에서는 지금도 가을과 겨울이면 화로에 구운 밤을 파는 상인들을 볼 수 있다.

Quercus ilex (참나뭇과)
털가시나무 Holm Oak

송로버섯이 나는 나무

늘 푸른 털가시나무의 잎이 호랑가시나무와 유사해서인지 이 나무의 이름은 호랑가시나무를 일컫는 고대 영어 'holm'에서 왔다. 그러나 거대한 털가시나무의 크기는 로부르참나무(→P.136)를 더 닮았으며 이 나무와 비슷한 나이까지 살면서 비슷한 품질의 목재를 생산한다. 고향은 지중해성 기후대에 속하지만, 털가시나무는 캘리포니아주와 미국 남동부에서도 잘 자란다. 잉글랜드 남부에서 이 나무는 바다에서 불어오는 소금기 많은 바람을 잘 견디고 있다. 와이트섬의 벤트너 해안을 굽어보는 다운스에서는 귀화한 외래종으로서 숲을 이뤄 자라고 있다. 새로운 종을 수집하고 도입해 영지를 장식하는 데 열을 올린 빅토리아 시대 사람들이 들여온 개체들이었다. 자연에서 '나무 심는 일꾼'으로 알려진 어치의 도움으로 털가시나무는 급속히 퍼져나갔다. 해변에서 왕성하게 자라는 것으로는 부족했는지 황무지에까지 종자를 퍼뜨리자 지나친 전파를 막기 위해 염소를 동원해야 했다.

털가시나무의 억센 목재를 로마인들은 수레바퀴 살과 와인 통을 만드는 데 이용했다. 그보다 앞서 고대 그리스인들은 이 나무로 유명인들이 쓰는 관冠을 만들었다. 그들은 이 나무가 미래를 알려주는 능력이 있으며, 다산을 상징하는 도토리를 장신구처럼 몸에 지니고 다니면 자손을 많이 볼 수 있다고 믿었다.

오늘날에는 뿌리에 공생하는 균류를 얻을 목적으로 털가시나무를 심는다. 털가시나무 숲 트뤼피에Truffières는 블랙 트러플을 찾는 파리 사람들이 점점 늘면서 수요를 맞추기 위해 프랑스 남부에 조성한 것이다. 이 버섯은 돼지나 개가 썩어가는 낙엽 밑에서 냄새로 찾아내는 것으로 알려져 있다. 스페인에서 털가시나무 도토리는 코르크참나무(→P.96) 열매와 더불어 돼지의 중요한 먹잇감이 되어 이베리코Ibérico 하몽에 독특한 풍미를 더한다.

털가시나무는 같은 잎을 3년간 유지한다. 두껍고 질긴 잎은 겨울에 수분을 저장해두었다가 여름 가뭄을 이겨낸다.

다른 명칭
Evergreen oak, Holly oak

원산지
남유럽

기후 + 서식지
다양한 환경에 서식하지만 온화한 해
양성 기후와 석회암 토양에서 가장 잘
자란다. 염분에 매우 강하다.

수명
최대 1000년

성장 속도
연간 20~30㎝

최대 높이
25m

털가시나무의 도토리는
로부르참나무의 도토리보다 작고
끝이 뾰족하다.

다른 명칭
Jewish lemon

원산지
인도 히말라야 동부

기후 + 서식지
따뜻하고 습한 기후, 약산성~염기성의
비옥도가 비교적 낮고 배수가 잘되는
토양

수명
일반적으로 50년

성장 속도
연간 20~40㎝

최대 높이
5m

시트론은 익어도 나무에서 떨어지지
않는다. 따지 않으면 2.5kg까지
자란다.

Citrus medica (운향과)

시트론 CITRON

크리스마스의 맛

인간이 오렌지, 레몬, 자몽 등의 감귤류를 즐긴 역사가 긴 탓에 이 종들의 원산지는 잊힌 지 오래다. 고고학과 현대 기술의 노력으로 인도 히말라야 동부의 산기슭에서 탄생한 작은 시트론 덤불이 서쪽으로 이동했다는 사실이 밝혀졌다. 오늘날 예루살렘의 키부츠 라마트 레이첼Kibbutz Ramat Rachel 유적지에서 고고학자들은 BC 680년에 지어진 페르시아 궁전의 정원을 발굴했다. 정원 벽면에서 회반죽을 떼어내 분석한 고고생물학자들은 BC 538년의 시트론 꽃가루를 발견했다. 이때는 BC 539년에 페르시아의 키루스 2세가 바빌론을 몰락시킨 후 유대인이 유다Judah로 귀환한, 유대 역사에서 매우 의미 있는 시기였다.

시트론은 한때 원산국으로 잘못 알려진 페르시아를 통해 고대 그리스와 로마에 전해졌을 가능성이 높다. 식물학의 아버지라고도 불리는 그리스 철학자 테오프라스투스는 BC 310년경에 집필한 《식물론Historia Plantarum》에서 시트론을 '페르시아 사과'라고 불렀다. 테오프라스투스는 이 책의 마지막 몇 장에서 식물과 나무의 의약적 용도를 집중적으로 다뤘는데 페르시아 사과의 해독제 기능은 과한 감이 있다.

감귤류 가운데 비교적 덜 알려진 시트론 열매는 커다랗고 쭈글쭈글한 못생긴 레몬 모양이다. 최대 2.5kg에 이르는 이 볼품없는 과일은 껍질이 거의 전부를 차지하며 물기가 많은 사촌들과 달리 과즙은 없다시피 하다. 껍질은 방향제로 가치가 있고 가열해 쓴맛을 날린 뒤 설탕에 절여 크리스마스 케이크와 푸딩 재료로 쓰기도 한다. 시트론 과즙은 음료를 만들거나 인도 요리에서 시럽을 만드는 데 쓰인다. 학명 *medica*는 이 과일이 고대에 약재로 쓰였음을 의미하는데 가장 흔한 용도는 입 냄새 제거제였다.

유대인에게 신성한 나무가 되면서 유대인들은 9월 말~10월 중순 초막절Sukkot 때 쓰기 위해 좀 더 작은 시트론 품종 에트로그etrog를 재배하고 있다.

Prunus mume (장미과)

매화나무 CHINESE PLUM

봄의 신호탄

겨울의 눈과 얼음 속에서 우아하고 달콤한 향을 풍기는 매화는 봄을 알리는 신호탄과도 같다. 이 나무는 이름이 다양하다. 서양에서는 '일본 살구' 또는 '꽃피는 살구'라 부르고 일본에서는 '우메'라고 해 그 열매로 맛있는 우메보시(소금에 절여 말린 매실)를 만든다. 이 나무의 원산지인 중국에서는 '메이梅'라고 한다. 어떤 이름으로 불리든 이 나무는 BC 5세기부터 동아시아인들에게 영감을 주었다.

잎이 돋기 전 가지에 핀 흰색 또는 다양한 분홍 색조의 꽃은 회화나 직물, 도자기에서 자주 찾아볼 수 있으며 그 아름다움은 오랫동안 문인, 시인, 작곡가에게 감동을 주었다. 모란과 막상막하의 경쟁 관계에 있는 매화는 중국의 국화로 알려져 있으며 순결, 인고, 역경에 굴하지 않는 절개의 상징이다. 명나라 말기에 조원가造園家 계성計成은 뛰어난 정원 연구서《원야園冶》에서 매화를 "숲속 달빛 아래에 서 있는 아름다운 여인"으로 묘사했다. 유교에서 매화는 여인의 정절과 지조를 상징하기도 한다.

초록이나 노랑의 타원 또는 원형 열매는 크기가 작다. 지름이 3㎝를 넘지 않는다. 6월과 7월에 수확하는 매실은 매우 시큼하지만, 볕에 말려서 다양한 식품과 음료의 재료로 쓴다. 중국에서 이 과일은 걸쭉하고 달콤한 소스로 인기가 있는데 훈제하고 가열한 다음 당을 첨가해 시원한 여름 음료를 만들기도 한다. 일본에서는 매실을 소금에 절여 시큼하고 짭짤한 맛을 내며 체리 브랜디와 유사한 달콤한 술을 만들기도 한다.

매화나무는 표준형, 가지가 늘어진 모양, 관상용, 분재 등 다양한 형태로 재배한다. 어떤 형태든 '매화'는 새해를 맞이할 꽃망울을 터뜨려야 한다. 아름다운 꽃을 한가득 피운 나무는 다가올 희망과 기쁨을 약속한다. 사계절의 자연에 대한 사랑은 일본인의 정신과 문화에 깃들어 있으며, 겨울에 피는 '매화'는 한 해의 꽃놀이가 시작되었음을 알리는 전령이다. 좀 더 서늘한 지역에서는 조신한 꽃과 감미로운 향기를 즐기려고 이 나무를 기른다. 그곳에서 매화나무는 겨울의 끝을 상징한다.

다른 명칭
매梅, 매실나무, Japanese apricot,
Meihua, Mume

원산지
라오스, 베트남, 중국, 타이완. 일본과
한국에 귀화

기후 + 서식지
산비탈, 드문드문한 숲, 개울가와 경작
지 가장자리. 온대~아열대 기후, 수분
을 잘 머금는 산성 또는 약염기성의 양
질토나 배수가 잘되는 점질토

수명
50~150년

성장 속도
연간 10~15㎝

최대 높이
10m

둥근 모양의 매화는 벚꽃과 달리
꽃잎의 끝이 갈라져 있다.

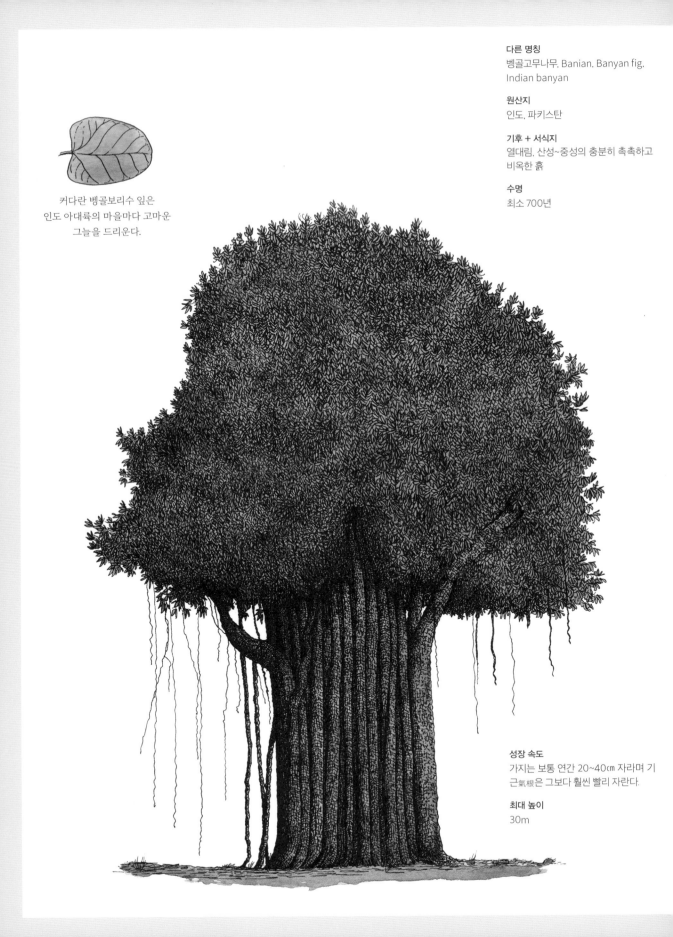

다른 명칭
벵골고무나무, Banian, Banyan fig,
Indian banyan

원산지
인도, 파키스탄

기후 + 서식지
열대림. 산성~중성의 충분히 촉촉하고
비옥한 흙

수명
최소 700년

커다란 벵골보리수 잎은
인도 아대륙의 마을마다 고마운
그늘을 드리운다.

성장 속도
가지는 보통 연간 20~40㎝ 자라며 기
근氣根은 그보다 훨씬 빨리 자란다.

최대 높이
30m

Ficus benghalensis (뽕나뭇과)
벵골보리수 BANYAN

락깍지벌레의 집

인도 아대륙의 열대우림 전역에서 발견되는 신기하고 놀라운 벵골보리수는 다른 나무들은 당해낼 수 없는 번식 방법을 찾아냈다. 이 나무의 조그만 씨앗은 새의 힘을 빌려 전파된다. 땅에 떨어져 싹트는 씨앗은 살아남기 어렵지만, 바위틈이나 다른 나무의 가지와 줄기, 심지어 인간이 지은 건물에 떨어진 씨앗은 뿌리를 내린다. 뿌리가 자리를 잡으면 어린 벵골보리수는 숙주를 서서히 감싸 죽인다. 시간이 흐르면서 이 나무의 공중뿌리aerial root는 거대하고 빽빽한 잎의 차양을 떠받치는 여러 줄기의 기둥을 형성해, 나무 1그루만으로도 작은 숲처럼 보인다. 이 과정으로 인해 벵골보리수는 '목조르는 무화과나무'로 악명을 떨치게 되었다. 휘카스속*Ficus*에 속하는 몇몇 종이 이런 기묘한 습성을 갖고 있다.

인도 북부의 갠지스 계곡이 원산인 벵골보리수는 구자라트어로 '식료품상' 또는 '상인'이라는 뜻의 '반야banya'에서 이름을 따왔다. 힌두교 신도들은 이 나무를 생명의 나무, 곧 칼파브릭샤Kalpavriksha라 한다. 이 나무는 우주를 창조, 보존, 파괴하는 3면신 트리무르티Trimurti를 상징한다. 비슈누는 나무껍질, 브라마는 뿌리, 시바는 가지에 해당한다. 석가모니는 인도보리수*Ficus religiosa*(→P.90) 아래서 명상을 하다가 깨달음을 얻었다지만 그다음 5주는 염소치기의 벵골보리수 아래서 보냈다. 벵골보리수의 그늘은 기도와 명상의 장소로 흔히 쓰이며 때로 불상이나 사원이 이 나무에 뒤덮이기도 한다. 이 과정의 예가 인도 동부 코르다 지역에서 우트칼대학 학생들에게 발견되었다. 이 학생들은 벵골보리수 밑의 보이지 않는 곳에서 머리가 7개 달린 수호 뱀을 거느린 1400년 전의 진귀한 부처상을 발굴했다.

벵골보리수는 이 나무의 수액을 먹고 자신과 알을 보호하기 위해 수지를 분비하는 곤충 락깍지벌레*Laccifer lacca*의 숙주 역할을 한다. 이 벌레의 분비물을 채취해 양초에 덧씌우는 셸락shellac으로 가공하거나 매니큐어, 의약품 등을 생산하기도 한다. 벵골보리수는 컴퓨터 시대에도 인정받고 있다. 그 거대한 뿌리 조직이 '반얀 바인즈Banyan Vines'로 알려진 컴퓨터 네트워크 운영 시스템에 영감을 주었다.

Citrus sinensis (운향과)

오렌지나무 SWEET ORANGE

오랑제리의 탄생

오렌지나무는 히말라야 남동부 지역의 야생종이 자연 교배와 인간의 선택을 거쳐 세계에서 가장 흔히 재배되는 과일이 된 사례다. 감귤류의 종류가 워낙 다양한 탓에 오렌지의 기원을 정확히 추정하기는 어렵지만, 이 종은 최소 2500년 전부터 존재한 것으로 추정된다. 오렌지를 언급한 가장 오래된 문헌은 BC 4세기 중국 시인 굴원屈原이 쓴 시다. 시 〈귤송橘頌〉은 오렌지나 그 부모인 밀감을 가리킬 공산이 크다. 지중해 지역에서 재배되는 오렌지는 2000년 후에 이탈리아 상인이나 포르투갈 선원들이 들여갔을 것이다. 16세기에 스페인 무역상과 탐험가들은 이 나무를 아메리카에 소개했고 그곳에서 이 과일의 생산은 거대한 산업으로 발전했다.

유럽 전역에서 오렌지의 수요가 급속히 늘자 서늘한 나라의 부자들은 오렌지를 재배하기 위해 오랑제리orangery라는 정교한 유리온실을 지었다. 첫 오랑제리는 1545년 이탈리아 파도바에 설립되었다. 이 유행은 급속히 퍼져나가 1617년에는 파리 루브르궁에까지 오랑제리가 생겼다. 여기에 영감을 받은 루이 14세는 베르사유에 유럽 최대의 오랑제리를 짓도록 명령했다. 그곳에서 3000그루를 길렀다고 한다. 1761년 런던에 2개의 오랑제리가 생겼다. 하나는 켄싱턴궁, 또 하나는 큐 식물원이다.

감귤류를 이용해 뱃사람들을 위협하는 괴혈병을 퇴치하는 방법은 의사이자 해군 위생의 선구자인 스코틀랜드인 제임스 린드James Lind가 고안했다. 1753년 린드는〈괴혈병에 관한 보고서Treatise of the Scurvy〉에서 12명의 병든 선원에게 마늘, 서양고추냉이, 버섯, 사과즙, 레몬, 오렌지 등을 먹이며 차도를 확인한 실험을 상세히 설명했는데 그중 감귤류 과일을 섭취한 선원들이 가장 빨리 회복되었다고 한다.

오렌지는 온대 기후에서 잘 자란다. 새하얀 꽃은 매우 아름다울 뿐 아니라 기분 좋은 향기로 화분 매개 곤충을 유혹한다. 과일과 꽃은 동시에 나무를 장식하며 매력적인 진녹색 이파리도 연중 나무를 지킨다.

넬 귄Nell Gwyn(킹 극장의 여배우 출신, 훗날 찰스 2세의 정부가 된다-옮긴이)은 왕정복고 시대의 극장에서 오렌지를 팔았다. 1개당 가격은 군인의 일당에 육박하는 6펜스였다.

다른 명칭
당귤나무, Orange

원산지
중국

기후 + 서식지
햇빛이 잘 드는 곳, 촉촉하고 배수가 양
호한 중성~염기성의 토양, 난온대 기후

수명
보통 50년

성장 속도
연간 20~60㎝

최대 높이
9m

오렌지는 야생에서 찾아볼 수 없다.
포멜로pomelo와 귤의 교잡종이기
때문이다.

다른 명칭
보리수, 보리수고무나무, Bo, Peepal,
Sacred fig

원산지
동남아시아, 인도

기후 + 서식지
열대 다우림~난온대 기후 지역. 적응력
이 강하며, 비옥한 충적토를 선호한다.

수명
최대 1500년

성장 속도
연간 30~60㎝

최대 높이
30m

다른 무화과나무 친척들처럼
인도보리수는 무화과말벌의 도움을
받아 수분한다.

Ficus religiosa (뽕나뭇과)

인도보리수 BODHI TREE

부처에게 깨달음을 준 나무

피팔Peepal로도 알려진 보리수나무는 모든 나무를 통틀어 종교적으로 가장 신성한 나무로 인식된다. 인도와 동남아시아 일부가 원산이며 엄청난 대가족인 무화과류 (→P.18, P.72, P.180)에 속한다. 인도보리수는 가지가 넓게 펼쳐진 거대한 나무로 주로 건기에 낙엽이 지는 반상록半常綠이다. 키는 30m까지, 몸통은 지름 3m까지 자란다. 하트 모양 잎은 특이하게도 끝이 쥐꼬리처럼 점점 가늘어지고 줄기가 가느다래서 부는 듯 마는 듯한 바람에도 끊임없이 하늘거린다. 잎의 형태가 유사한 포플러나 사시나무에서도 볼 수 있는 현상이다. 보리수는 뿌리 조직의 상당 부분이 땅 위로 노출되어 뼈를 쌓아놓은 것 같은 반원형의 밑동을 형성한다. 보리수 열매인 무화과는 조그만 초록색이었다가 빨강 또는 보라색으로 익는다.

보리수나무는 특히 힌두교와 불교에서 성스러운 나무다. 힌두교도들은 움직이는 잎을 보면 데바Deva(전지전능한 천상과 지상의 신)가 나무에 임했다고 믿는다. 세속적인 설명에 따르면, 그 움직임은 고온의 기류가 존재한다는 증거일 뿐이다. '신의 노래'라는 뜻의 힌두교 경전 《바가바드기타》 또는 《바가바드》에서 크리슈나는 "나는 나무 가운데 보리수요 거룩한 성자 가운데 나라다Narada(브라만의 이마에서 태어났다는 인도의 7선인仙人 가운데 한 사람-옮긴이)요 간다르바Gandharva(고대 인도의 유희와 가무의 신-옮긴이) 가운데 치트라아타Chitraaratha(간다르바 중에서 노래를 가장 잘한다는 신-옮긴이)요 싯다Siddha(인도 종교에서 '깨달음을 얻은 사람'이라는 뜻으로 널리 쓰이는 용어-옮긴이) 가운데 현인 카필라Kapila(상키아학파를 창시했다는 고대 인도의 철학자이자 선인-옮긴이)니라"라고 말한다. 무엇보다 부처가 현재의 인도 비하르주 부다가야에 있는 보리수 밑에서 명상을 하다가 깨달음(보디bodhi)을 얻었다는 이야기가 가장 잘 알려져 있다. 그 나무는 파괴되고 몇 번이나 다른 나무가 대신 심어졌지만, BC 288년 나무의 가지 하나가 스리랑카 아누라다푸라에 있는 스리마하보디 사원에 뿌리를 내렸다. 그 나무는 세상에서 가장 오래된 속씨식물(현화식물)이다.

Ailanthus altissima (소태나뭇과)
가죽나무 TREE OF HEAVEN

가난한 이의 비단

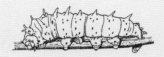

'천국의 나무'라는 이름은 인도네시아 암본섬 사람들이 열대 지역에서 자라는 가죽나무속*Ailanthus*을 가리키던 명칭으로 하늘에 닿을 만큼 키 큰 나무를 의미하는 '아이란토*ailanto*'에서 유래했다. 이 이름은 서양에서도 가죽나무를 가리키는 말로 쓰인다. 가죽나무는 같은 속의 식물 중 유일하게 온대 기후에서 자랄 수 있는 튼튼한 종이다.

장점이든 단점이든 가죽나무와 비교할 만한 나무는 드물다. 장점으로는 이 나무의 예쁜 잎, 멋진 껍질, 날개가 달린 적갈색 열매를 들 수 있다. 이 나무는 강인하다. 반자전적 소설 《브루클린에서 자라는 나무*A Tree Grows in Brooklyn*》(1943)에서 베티 스미스*Betty Smith*는 이 나무를 "판자를 둘러친 땅뙈기와 방치된 쓰레기 더미, 지하실 쇠창살 틈으로" 자라며, "시멘트를 뚫고 나오는 유일한 나무"로 묘사한다. 원산지인 중국에서 가죽나무는 적어도 BC 3세기부터 약재로 쓰였다. 중국에 현존하는 가장 오래된 사전인 《이아爾雅》에 다른 나무들과 함께 실려 있다. 잎은 종기와 농양, 가려움증의 치료제로 쓰이며 껍질은 이질, 내부 출혈, 간질, 심지어 탈모 치료제로도 쓰인다. 이 나무의 잎을 먹고 사는 누에도 있다. 이 누에는 뽕나무 누에가 만드는 것보다 저렴하고 질긴 폰지pongee, 곧 산둥 비단을 만드는 명주실을 생산한다.

한편 이 나무는 유난히 여름이 길고 뜨거운 지역에서 씨를 마구 퍼뜨리며 성장하고 타감 작용allelopathy이라는 화학전으로 다른 식물의 생육을 방해하는 등 극성스럽게 영역을 확장한다. 껍질과 잎의 독성이 토양에 축적되어 다른 식물의 성장을 방해하기도 한다. 제거하기도 매우 어렵다. 벌채된 나무의 그루터기에서도 금방 새 나무가 자라고 토양 속에 남은 뿌리에서도 새순이 돋는다.

서양에서 이 나무를 공원이나 도로변에 심은 것은 어리석은 선택으로 보인다. 가죽나무의 중국 이름은 '냄새가 고약한 나무'라는 뜻의 처우춘臭椿이다. 수꽃의 냄새는 타거나 썩은 땅콩버터, 운동할 때 신은 양말, 고양이 오줌이 섞인 냄새로 묘사된다. 그래서 여러 도시에서 이 나무에 '빈민가 야자ghetto palm' '악취 나무' '지옥의 나무' 따위의 별명을 붙였다.

다른 명칭
가승목假僧木, 가중나무, 호안수虎眼樹,
Chinese sumac, Stinking sumac

원산지
중국 북부

기후 + 서식지
높거나 낮은 고도. 촉촉하고 배수가 원
활한 양질토를 선호한다. 침수된 지역
을 제외한 모든 조건을 견딘다. 온화하
거나 무더운 온대 기후.

수명
최대 50년. 죽은 나무의 흡지sucker는
계속 살 수 있다.

성장 속도
연간 50~250㎝

최대 높이
25m

산누에 애벌레는 가죽나무 잎을
먹고 산다.

다른 명칭
Common holly, English holly,
European holly

원산지
서남아시아, 유럽

기후 + 서식지
온대 지역의 따뜻하거나 추운 날씨, 촉
촉하지만 배수가 잘되는 다양한 토양
의 삼림대를 선호한다.

수명
최대 500년

성장 속도
연간 10~25㎝

최대 높이
25m

영국에서는 호랑가시나무를 크리스마스
장식에 이용한다. 독일에서는 이 나무를
'슈테히파름Stechpalme'이라 부르며
종려주일에 종려나무 대용으로 쓴다.

Ilex aquifolium (감탕나뭇과)

서양호랑가시나무 Holly

그리스도의 가시덤불

크리스마스와 널리 결부되기 전에도 호랑가시나무는 이 나무를 풍요와 영생의 상징으로 여긴 드루이드 사이에서 영험한 능력을 지닌 신성한 존재로 인식되었다. 호랑가시나무를 베면 불행이 찾아오고, 집 안에 진녹색 잎이 풍성하게 달린 이 나무의 가지를 걸어두면 보호를 받을 수 있다는 믿음도 있었다. 로마인들은 호랑가시나무를 농업과 수확의 신인 사투르누스와 연관 지어 12월의 사투르날리아 축제 때 장식용으로 썼다. 오늘날 호랑가시나무는 2가지 측면에서 예수 그리스도의 상징으로 남아 있다. 빨간 열매는 십자가에 못 박힌 날에 예수가 흘린 피를 상징하고 뾰족한 잎은 예수가 죽기 전에 머리에 썼던 가시관을 상징한다. 독일에서는 호랑가시나무를 '그리스도의 가시'라는 뜻의 'Christdorn'이라고도 한다.

유럽, 북아프리카, 서아시아에는 800종에 이르는 호랑가시나무가 분포하지만 서양호랑가시나무가 가장 잘 알려져 있다. 대체로 호랑가시나무는 생울타리처럼 숲 가장자리에 상록 하층 식물로 재배하거나 정원, 공원, 수목원에 관상용 관목이나 소목으로 식재한다. 참나무와 너도밤나무 숲에서 특히 잘 자란다. 호랑가시나무는 암수딴그루로 암꽃과 수꽃이 각각 다른 나무에 피고 열매는 암그루에서만 맺힌다. 한겨울에 열리는 열매는 작은 새들의 중요한 먹잇감이 된다. 빅토리아 시대의 정원사들은 금색, 은색, 얼룩무늬 잎을 지닌 비교적 희귀한 종을 찾아내려 애썼다.

호랑가시나무는 아무리 크게 자라도 일생 철회색의 매끈한 껍질을 유지한다. 변재와 심재는 모든 나무를 통틀어 가장 희다. 호랑가시나무는 오랫동안 그릇과 체스 말을 만들거나 장식용 상감 세공에 이용된 밀도 높은 나무다. 까맣게 염색해 흑단의 대용품으로 쓰기도 한다. 이 나무의 가시는 동물들이 뚫고 들어오는 것을 막을 수 있어 예부터 울타리를 치는 데도 쓰였다.

Quercus suber (참나뭇과)
코르크참나무 Cᴏʀᴋ Oᴀᴋ

와인 지킴이

고대에는 식품과 음료의 용기를 밀봉해 내용물을 보존하는 것이 큰 과제였다. 군대에 공급하는 식량은 특히 그랬다. 그 시대의 가장 중요하고 상징적인 보관 용기는 고대 이집트, 그리스, 로마인들이 널리 사용한 암포라amphora(BC 6~3세기 지중해 연안에서 포도주를 담는 데 쓰인 볼록한 항아리 모양의 토기-옮긴이)였다. 초기에는 진흙이나 나뭇잎으로 암포라를 밀봉하고 소나무 등의 수지로 고정했지만, 코르크만큼 효과적인 재료는 없었다. 코르크의 이런 용도는 BC 2세기부터 알려져 있었다. 로마의 원로원이자 역사학자였던 카토Cato the Elder는 발효가 완료된 후 단지를 코르크와 송진으로 밀봉할 것을 강력히 권했다. 그때 이후로 오랫동안 코르크참나무의 껍질은 와인 병의 마개로 널리 쓰였지만, 코르크에는 다른 용도도 많다. 모든 크리켓 공의 심, 열과 소리 또는 진동을 완화하는 뛰어난 내화성 절연체, 신발, 내구성이 강한 바닥재, 개스킷의 소재, 우주선의 열 보호 시스템으로도 이용되고 있다.

포르투갈과 스페인은 세계 코르크 수확량의 절반 이상을 차지한다. 포르투갈에는 230년 된 거대 코르크참나무도 있다. 아구아스 데 모우라 마을에 서 있는 이 나무는 1988년부터 포르투갈의 국가 기념물이었다. 코르크참나무는 포르투갈 경제에 핵심적인 기여를 한다. 포르투갈에서는 5월 초~8월 말 기계를 쓰지 않고 나무의 외피에서 코르크를 분리한다. '익스트랙터extractor'라는 숙련된 일꾼들이 특수한 모양의 날카로운 도끼를 이용해 아주 섬세한 손길로 외피를 벗겨낸다.

기후 변화, 질병의 창궐, 와인 병에 돌려서 막는 마개screw-top가 증가하는 추세는 코르크 생산량 감소에 복합적으로 영향을 주고 있다. 익스트랙터들과 이 강인한 나무에서 떨어지는 도토리를 먹고 사는 염소와 돼지들에게는 나쁜 소식이 틀림없다.

다른 명칭
코르크가시나무, Cork tree

원산지
지중해

기후 + 서식지
난대·온대 기후. 배수가 좋은 사질토.
홍수 기간을 잘 견디지만 지나친 결빙
이 오래 지속되면 버티지 못한다.

수명
100~300년

성장 속도
연간 60~90㎝

최대 높이
20m

코르크의 잎은 성장 2년째에
떨어지는데 로부르참나무의
잎보다 길다.

님나무 꽃에서 채취한 오일은
진정과 이완 효과가 있어 아로마
테라피에 쓰인다.

다른 명칭
Indian lilac, Margosa, Nim, Persian
lilac

원산지
미얀마, 방글라데시, 스리랑카, 아프가
니스탄, 인도, 중국, 파키스탄

기후 + 서식지
건조한 낙엽수림. 종종 가시덤불의 보
호를 받으며 싹을 틔운다. 온대~아열대
기후. 침수 토양을 제외한 다양한 토양
에서 자란다.

수명
최대 200년

성장 속도
연간 80~180㎝

최대 높이
30m

Azadirachta indica (멀구슬나뭇과)

님나무 NEEM

치유의 나무

인도 라일락이라고도 부르는 님은 자연 분포하는 모든 지역에서 가치를 인정받고 있다. 인도에서는 치유의 나무를 넘어 신성한 나무로 대우받는다. 상록수인 이 나무는 뿌리가 깊어 매우 건조한 자연 상태에서도 생기를 유지할 수 있다. 현자를 매개로 신들이 인간 치료사에게 의학 지식을 전달한다는 유명한 고대 의술인 아유르베다에서도 이 나무를 이용한다. 님나무가 쓰였다는 최초 증거는 BC 2세기부터 400년간 흔히 사용되었던 의학서 《차라카 삼히타Charaka Samhita》에서 찾아볼 수 있다.

인공 재배한 님나무의 몸통은 비교적 얄따랗지만, 야생에서는 톱니 모양의 좁은 연녹색 잎이 흩뿌려진 거대한 차양을 지지하기 위해 두껍게 자란다. 봄이면 섬세한 흰 꽃으로 뒤덮이는 가느다란 가지들은 황록색의 열매가 송이송이 맺히면 아래로 늘어진다. 껍질에 독특한 균열이 진 회색, 빨강, 갈색조의 성숙한 나무가 도시의 거리에 줄지어 서서 반가운 그늘을 만드는 광경은 흔히 볼 수 있다.

2000년 가까이 님나무의 거의 모든 부위는 의약과 치료 목적으로 쓰였다. 이 나무의 여러 이름 가운데 하나는 나병을 없애고 피부를 치료한다는 의미의 산스크리트어 'pinchumada'다. 아유르베다에서 이 나무는 항균, 항바이러스, 항곰팡이와 진정 효과로 귀하게 여겨진다. 님나무로 만든 전통 약재는 말라리아를 예방할 수 있다. 아유르베다와 싯다Siddha(인도 타밀나두 지역에서 수백 년 전부터 실시해온 전통 의학의 일종-옮긴이) 치료사 모두 그 약을 피부병 치료와 혈액의 독소 제거에 쓴다. 오래전부터 님은 구강 위생의 용도로도 쓰였다. 잔가지의 한쪽 끝을 씹으면 방출되는 천연 살균제를 이용하는 것이다. 씹힌 가지 끝은 여러 갈래로 갈라져 칫솔로 쓰기에 적합해진다.

이런 치유 능력을 감안하면 님나무가 힌두교와 불교를 가리지 않고 인도인들의 사랑을 받는다는 사실이 놀랍지 않다. 사원에서는 흔히 님나무 목재에 우주의 신 자가나타Jagannatha를 조각해 성상으로 숭배한다. 이 목재와 화려하게 채색된 성상의 형태·특성에 신도들은 큰 의미를 부여한다. 이 성상은 12~19년마다 경건하게 교체한다.

Ulmus minor 'Atinia' (느릅나뭇과)
유럽들느릅나무 '아티니아' ENGLISH OR ATINIAN ELM

로마의 포도 덩굴을 받치는 나무

유럽들느릅나무는 로마인들이 영국에 들여온 1그루의 나무에서 비롯되었다. 이탈리아 아티나에서 자랐다는 그 나무와 유전적으로 동일한 영양계營養系를 통해 번식했기 때문에 아티니아느릅나무라는 이름이 붙었다는 것이다. 이 전례 없는 상황은 나무가 근맹아根萌芽에서 저절로 영양계를 생산해 자연 증식하거나 인간이 그 영양계를 이식한 결과다. 약 2000년 전 로마인들은 포도 재배에 이용하려고 이탈리아에서 처음 가져온 영양계를 심었다. 느릅나무를 규칙적인 간격으로 심고 3m 높이에서 윗부분을 자르면 잔가지가 자라나 포도 덩굴을 받치는 훌륭한 지지대가 된다. 여전히 영국느릅나무라 불리지만 이제 아티니아느릅나무라는 명칭이 더 널리 쓰인다.

튼튼하고 내구성이 강하며 물이 잘 스며들지 않아서 느릅나무 목재는 배수관, 방파제, 부두, 운하의 수문 제조에 유용하다. 참나무에 비해 수축하는 성질이 있지만, 오늘날 보트, 바닥재, 가구 재료로도 높이 평가받는다.

네덜란드에서 처음 발견되었고 느릅나무좀에 의해 전파되는 곰팡이병이 생기자 하나의 영양계에서 번식했다는 약점은 치명적인 결과로 이어졌다. 네덜란드느릅나무병은 아시아에서 발생했다고 한다. 1910년 유럽에서 처음 발견되고 1960년대에 유행하면서 느릅나무의 개체 수는 급감했다. 현재 유럽에 감염을 피해 크게 성장한 느릅나무는 드물다. 개중 가장 큰 2그루는 잉글랜드 남쪽 해안의 브라이튼 공원에 있다. 지방 정부는 400살이 넘은 '브라이튼 프레스턴 쌍둥이'를 관리하고 보호하기 위해 갖은 노력을 하고 있다.

느릅나무는 영국 화가 존 컨스터블John Constable이 가장 좋아하는 소재였다. 그는 가장 유명한 두 작품 〈옥수수 밭The Cornfield〉(1821)과 〈주교의 정원에서 본 솔즈베리 성당Salisbury Cathedral from the Bishop's Garden〉(1826)에 느릅나무를 담았다. 느릅나무는 영문학에도 자주 등장하는데 셰익스피어의 《한여름 밤의 꿈》에서 티타니아가 바텀에게 말하는 장면이 대표적이다. "잘 자요, 내가 그대를 꼭 껴안아줄게요. … 담쟁이도 느릅나무의 거친 손가락에 그렇게 반지를 감아주지요…".

느릅나무 잎은 원형 또는 타원형으로
가장자리가 삐죽삐죽하며 표면은
거칠고 솜털이 나 있다.

다른 명칭
Field elm

원산지
남유럽과 동유럽~북아프리카, 캅카스
와 중동

기후 + 서식지
시냇가와 강둑. 기온이 높고 건조한 곳
을 잘 견딘다. 아열대에서 온대 기후. 개
척종으로 침수·염분·가뭄·오염·강풍
에 강하다.

수명
최소 400년

성장 속도
연간 15~100㎝. 초생 흡지는 성장 속도
가 더 빠르다.

최대 높이
30m

다른 명칭
Holy thorn

원산지
잉글랜드 서머싯주 글래스턴베리

기후 + 서식지
수분을 보유한 진흙, 충분한 햇빛, 온화
한 온대 기후

수명
100~150년

성장 속도
연간 40~60㎝

최대 높이
7m

해마다 크리스마스면
글래스턴베리가시나무의 꽃핀
가지가 영국 국왕에게 전달된다.

Crataegus monogyna 'Biflora' (장미과)

글래스턴베리가시나무 GLASTONBURY THORN

기적의 나무

발원지라는 잉글랜드 서머싯의 도시 이름을 딴 글래스턴베리가시나무만큼 파란만장한 역사를 지닌 나무는 드물다. 이 나무는 5월에 꽃을 피우는 서양산사나무*Crataegus monogyna*의 한 품종이지만 1번의 개화로 그치지 않는다. 겨울에 폭풍 성장해 크리스마스 무렵에 2번째로 꽃을 피운다. 그래서 '2번의 개화Biflora'라는 이름이 덧붙었다. 겉모습만 보면 흰 꽃과 가늘고 억센 가지를 지닌 가시투성이의 볼품없는 나무다. 그럼에도 2000년간 신화, 전설, 신앙의 주인공이었다.

이 품종에 대한 최초의 기록은 16세기 초로 거슬러 올라간다. 아리마대 요셉의 생애를 기록한 문헌에서는 그를 유다 왕국에서 온 부유한 유대인 남자로 십자가에 못 박힌 그리스도의 시신을 묻은 사람이라고 묘사한다. 전설에 따르면, 성 요셉은 훗날 아서왕 전설 속의 성배를 가지고 글래스턴베리로 여행을 떠났다. 그곳에서 만난 주민들이 성배에 심드렁한 반응을 보이자 그는 웨어리올 언덕에 올라 예수의 것이었던 나무 지팡이를 땅에 던졌다. 그러고는 잠이 들었는데 깨어나 보니 그 지팡이가 뿌리를 내려 가시나무로 변해 있었다. 바로 그 자리에 국립 성당이 지어지면서 유럽에서 그리스도교가 전파되는 시발점이 되었다. 신성한 나무가 1년에 2번, 크리스마스와 부활절에 꽃을 피우자 기적의 나무라는 지위는 한층 더 강화되었다.

그러나 명예와 더불어 수난이 찾아왔다. 나무에서 많은 가지가 잘려나갔고 몸통은 반복적으로 깎이고 베였다. 영국 내전 중에는 최초의 글래스턴베리로 보이는 나무가 마술과 미신의 유물이라는 이유로 파괴되었다. 하지만 밑동에서 다시 싹을 틔웠는지 아니면 원래 나무의 가지로 대체되었는지 몰라도 나무는 현재까지 살아남아 이교도의 상징과 뉴에이지 신앙에 관한 관심으로 다시 유명세를 타고 있다. 그러다 점점 마녀와 1954년에 시작된 새로운 이교도 종교 운동인 위카Wicca의 추종자, 심지어 일부 지역 주민들이 두려워하는 악마 숭배와 연결되면서 이 나무는 2010년에 반달Vandal이 휘두르는 전기톱에 쓰러졌다. 다행히도 그 가까이에 묘목이 식재되어 그 상징적 지위와 역사적 의미를 이어가고 있다.

Prunus insititia (장미과)
인시티티아자두나무 Damson

크로아티아가 가장 사랑하는 과일

살구속*Prunus*에 속하는 종에는 복숭아, 체리, 아몬드(→P.28, P.58, P.60) 등 인기 있는 과일이 다수 포함되지만 개중 '자두'가 가장 다양하다. 2000년 넘게 재배해왔지만, 많은 종, 아종, 품종의 원산지가 수수께끼로 남아 있다. 오늘날까지도 인시티티아자두가 야생자두sloe와 자엽자두cherry plum의 교배인지 야생자두의 직계 후손인지 의견이 엇갈린다.

살구속 가운데 큰 열매를 맺는 품종들은 기후가 따뜻한 지역에서 종종 말린 형태로 판매된다. 서늘한 기후에서는 과일의 크기가 작아지므로 요리나 잼 같은 보존 식품용으로 적합하다. 인시티티아자두는 후자에 속한다. 서남아시아가 원산이지만 지금은 유럽 전역과 독립 전쟁 전에 도입된 북미에서도 재배하고 있다.

'댐슨damson'이라는 명칭은 영국에서만 쓴다. 도싯주 메이든 캐슬 등 철기 시대 유적지에서 발견된 댐슨 화석은 로마인들이 이 나무를 영국에 소개했다고 믿던 사람들에게 충격을 안겨주었다. 그러나 로마인들이 이 나무를 재배하고 전파했다는 사실에는 의문의 여지가 없다. 영국의 인시티티아자두나무는 매우 아름답다. 초봄에 핀 새하얀 꽃이 탁한 흰색으로 변하면서 조그만 남색과 보라색 열매가 맺힌다. 또 이 나무는 울타리 식물이나 방풍림으로 이용해도 좋을 만큼 튼튼하다.

댐슨의 성장이 얼마나 느린지를 말해주는 "자두를 심는 사람은 아들을 위해 심는 것이고 댐슨을 심는 사람은 손자를 위해 심는 것"이라는 옛 속담도 있다. 1575년 영국 작가 레너드 매스콜Leonard Mascall은 댐슨을 자두 가운데 최고라고 예찬하면서 "잘 익은 과일을 따서 햇볕이나 뜨거운 오븐에 말리면 오래 보관할 수 있다"고 조언했다. 빅토리아 시대에 식민지에서 설탕을 들여오면서 잼과 과일 디저트가 인기를 끌었다. 크로아티아 같은 슬라브 국가에서는 다양한 품종의 인시티티아자두가 슬리보비츠Slivovitz라는 지역 브랜디를 만드는 데 이용된다. 영국의 19세기 문헌에는 "훌륭한 댐슨 와인은 잉글랜드의 훌륭한 포트와인과 가장 비슷하다"라는 말도 나온다.

다른 명칭
Damascene

원산지
서남아시아

기후 + 서식지
탁 트인 삼림대, 생울타리, 볕이 잘 들거
나 얼룩덜룩한 그늘이 지는 농경지의
가장자리. 온화한 온대 기후. 다양한 토
양, 특히 약염기성의 찰진 흙에서 잘 자
란다.

수명
60~100년

성장 속도
연간 20~40㎝

최대 높이
6m

인시티티아자두는 생으로 먹으면
떫은맛이 매우 강하니 설탕으로
조리해 섭취하는 게 좋다.

다른 명칭
Indian mango

원산지
미얀마, 방글라데시, 인도

기후 + 서식지
아열대 기후의 비옥한 토양

수명
최대 300년

성장 속도
연간 20~60㎝

최대 높이
30m

망고는 건조나 동결에 살아남지
못하는 난저장성종자難貯藏性種子,
Recalcitrant seed를 갖는다.

Mangifera indica (옻나뭇과)
망고나무 MANGO

식민지의 피클

오늘날에는 무역과 냉장 기술 덕분에 망고가 주는 기쁨을 열대 지방에서 세계 곳곳으로 전할 수 있게 되었다. 망고는 열대 기후 지역에서 가장 널리 재배하는 과일로 핵과의 왕이라고도 한다. 다만 캐슈*Anacardium occidentale*, 피스타치오나무(→P.38)와 더불어 망고도 덩굴옻나무*Toxicodendron radicans*와 친척이라는 점을 명심해야 한다. 망고나무 수액은 심한 발진을 일으킬 수 있으므로 피부에 닿는 것을 피한다.

원산지인 인도반도에서 망고는 인도와 파키스탄의 국가 과일이며 방글라데시의 국가 나무다. 망고는 인도에서 2000년 이상 재배해왔지만 15세기에야 포르투갈 선원들과 향신료 상인들에 의해 아프리카와 남미에 전파되었다. 잘 익은 망고는 매우 진한 단맛을 내지만 장거리 운송이 어려워 빨리 먹어야 한다. 그래서 아메리카에 처음 수입된 망고는 피클 상태였다. 18세기에 피클 망고의 인기는 대단해서 '망고'라는 단어가 '피클'과 동의어로 쓰일 정도였고 파프리카 또는 피망 같은 다른 채소가 망고로 알려지기도 했다. 심지어 '망고'는 동사로 '과일 피클을 만들다'라는 뜻을 갖게 되었다. 망고는 지금도 피클이나 처트니(과일이나 채소에 식초와 향신료를 넣어 만든 인도식 소스-옮긴이)의 재료로 쓰이지만 잼이나 주스, 아이스크림 등 달콤한 가공품이 더 인기가 있다.

망고가 문화적으로 가장 유명해진 계기는 제임스 본드 시리즈 〈007 살인번호*Dr No.*〉에 등장한 칼립소 노래 〈망고나무 아래에서*Underneath the Mango Tree*〉(1962) 때문일 것이다. 손에 고둥 껍데기를 쥐고 옆구리에 칼을 찬 우슬라 안드레스*Ursula Andress*는 몬티 노먼*Monty Norman*이 만든 이 노래를 흥얼거리며 바다에서 나타났다. 실제로 이 노래는 노먼의 아내 다이애나 쿠플랜드*Diana Coupland*가 불렀다.

밑에 사람이 서 있을 수 있을 만큼 넓고 풍성한 잎을 지닌 망고는 녹음수로도 중요한 나무다. 석가모니가 망고 숲을 선물 받아 은혜로운 그늘 밑에서 수양을 했다는 전설도 있다. 사과와 마찬가지로 수백 가지 품종이 개발된 망고는 기후가 허락하는 곳이라면 세계 어디에서든 재배되고 있다.

Ceiba pentandra (아욱과)

케이폭 KAPOK TREE

마야인의 신성한 나무

세이바 또는 케이폭은 세계의 불가사의한 나무 가운데 하나다. 아즈텍, 마야, 그 밖의 컬럼비아 메소아메리카 이전의 문화에서는 천국과 지상, 지하 세계를 잇는 상징이라 여겨 이 나무를 신성시했다. 세계를 떠받치는 이 거대한 나무의 뿌리가 저승까지 뻗어 있다는 것이었다. 트리니다드토바고의 전설에 따르면, 깊은 숲속에는 '악마의 성'이라는 거대한 케이폭이 있는데 그 안에 죽음의 악마 바질Bazil이 살고 있다. 한 목수가 나무에 7개의 방을 파내어 바질을 그 안으로 유인한 다음 가뒀다고 한다.

케이폭은 멕시코, 중앙아메리카, 남아메리카 북부, 캐리비안과 서아프리카 열대 지역이 원산이다. 꽃나무 중에는 키가 가장 크며 50m가 넘도록 자란다. 납작하게 퍼진 뿌리가 몸통 위로 10m 이상, 지표면으로 약 20m 퍼져 이 경이로운 거구를 지지하므로 얕은 토양에서도 자랄 수 있다. 나무에서 가장 눈에 띄는 특성은 어린 가지와 몸통에 돌출된 원뿔 모양의 가시다. 이 독특한 돌기는 마야 예술에 나타나는 전형적인 특징으로 도자기 향로와 저장 용기 등에서 찾아볼 수 있다. 유골함의 옆면에도 케이폭 가시 모양을 표현했다.

그러나 케이폭은 꼬투리에서 나오는 솜 같은 보풀로 가장 유명하다. 이 물질은 긴 타마릴로tamarillo(주로 안데스산맥 일대에서 자라는 토마토 비슷한 과일-옮긴이) 형태의 녹색 과실에서 찾아볼 수 있는데 씨앗을 감싸 바람에 날려 흩어지도록 돕는 역할을 한다. 케이폭은 물기를 차단하며 솜보다 가볍다. 종종 충전재로 쓰이지만, 최근에는 대부분 합성 섬유로 대체되고 있다. 현재 주로 동남아시아 열대우림, 특히 자바에서 상업적으로 재배하고 있다. 그래서 케이폭을 자바 코튼Java cotton이라고도 한다.

케이폭은 과테말라, 푸에르토리코, 적도 기니의 국가 상징으로 문장과 국기 등에 등장한다. 시에라리온에서 케이폭은 그 나라로 도망쳐온 노예들의 자유를 상징한다.

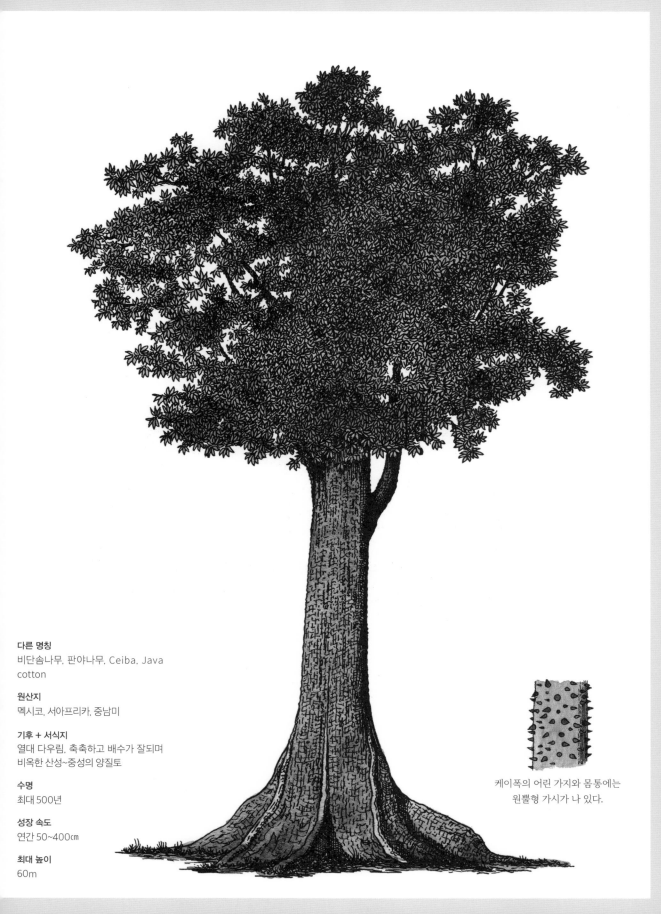

다른 명칭
비단솜나무, 판야나무, Ceiba, Java
cotton

원산지
멕시코, 서아프리카, 중남미

기후 + 서식지
열대 다우림, 축축하고 배수가 잘되며
비옥한 산성~중성의 양질토

수명
최대 500년

성장 속도
연간 50~400㎝

최대 높이
60m

케이폭의 어린 가지와 몸통에는
원뿔형 가시가 나 있다.

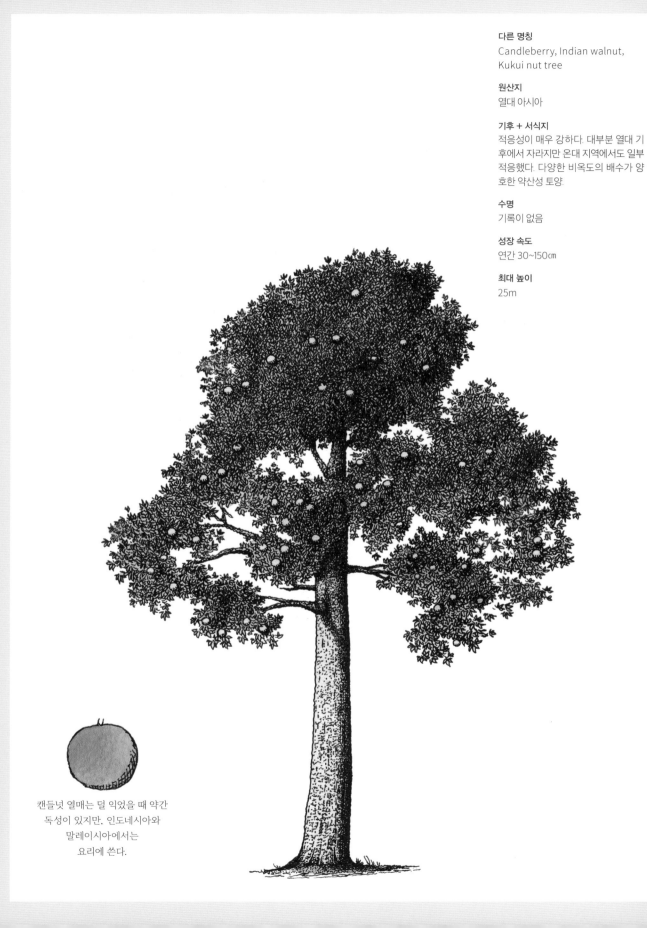

다른 명칭
Candleberry, Indian walnut,
Kukui nut tree

원산지
열대 아시아

기후 + 서식지
적응성이 매우 강하다. 대부분 열대 기후에서 자라지만 온대 지역에서도 일부 적응했다. 다양한 비옥도의 배수가 양호한 약산성 토양.

수명
기록이 없음

성장 속도
연간 30~150㎝

최대 높이
25m

캔들넛 열매는 덜 익었을 때 약간
독성이 있지만, 인도네시아와
말레이시아에서는
요리에 쓴다.

Aleurites moluccana (대극과)
캔들넛 CANDLENUT TREE

하와이의 빛

캔들넛나무는 파라고무나무(→P.64), 피마자*Ricinus communis*, 오구나무*Sapium sebiferum*, 포인세티아 등이 속하는 대극과(등대풀속)의 대표 종이다. 대극과는 현화식물(생식 기관인 꽃이 있고 열매를 맺으며, 씨로 번식하는 고등 식물로 세계에 약 25만 종이 분포한다-옮긴이) 가운데 5번째 대가족으로 예나 지금이나 경제적 중요성이 상당하다. 중대형 상록수인 캔들넛나무의 독특한 황록색~은색 잎은 형태가 다양하지만 대체로 단풍잎을 닮았다. 아시아의 인도-말레이 지역 원산으로 추정되지만, 서식지의 진짜 범위는 누구도 모른다. 열대 지역에 사는 인간에 의해 적도 남쪽과 북쪽으로 널리 퍼져나갔다는 사실만 확실할 뿐이다.

이 나무가 하와이에서만큼 사람들의 마음을 사로잡은 곳은 없다. 하와이에서 야생에서 자라며 쿠쿠이kukui라 불리는 이 나무는 초기 폴리네시아 정착민들이 도입했을 가능성이 높다. 1959년 하와이가 미국의 50번째 주가 되자 이 섬 주민들에게 큰 의미가 있었던 캔들넛은 새로운 주의 상징이 되었다.

캔들넛은 키위를 조금 닮은 열매로 유명하다. 열매는 아주 쓸모가 많은 2개의 견과를 품고 있다. 조리하지 않으면 독성이 매우 강해서 날것으로 먹을 수는 없다. 그보다 열매는 빛을 밝히는 데 유용하게 쓰인다. 말린 견과를 엮어 불을 붙이면 약 15분간 타올라 시간을 잴 수 있다. 씨앗에서 추출한 기름도 곤충의 공격으로부터 목화 열매를 보호하는 용도로, 설사약과 방수 종이로, 하와이에서 유명한 서프보드의 광택제로, 비누를 만드는 재료로, 페인트 원료로 두루 쓰인다.

이 열매의 가장 혁신적인 사용법은 어부들이 고안했다. 열매를 씹어서 만든 기름진 반죽을 바다에 뱉으면 물의 표면 장력이 깨져 반사가 줄어들어 물밑의 물고기가 더 잘 보인다. 하지만 가장 중요한 용도는 아무래도 전통 화환lei일 것이다. 하와이 주민들은 이 나무의 하얀 꽃, 커다란 잎사귀, 열매를 한데 엮은 목걸이를 하와이섬을 방문하거나 떠나는 손님에게 우정의 상징으로 걸어준다.

Myristica fragrans (육두구과)

육두구 Nutmeg

전리품

육두구로는 흔히 쓰는 2가지 향신료를 만든다. 먼저 깊은 견과 맛에 향긋한 풍미를 지닌 너트맥이다. 이보다 이용 빈도와 인기가 떨어지는 메이스mace는 너트맥과 비슷하지만, 맛과 향이 순하다. 정향나무*Syzygium aromaticum*로 만드는 향신료 클로브clove와 함께 육두구는 인도네시아 동쪽 반다 제도 원산이다. 19세기까지 이 섬은 이 3가지 값비싼 향신료를 생산하는 유일한 지역이어서 향료 제도Spice Islands라 불렸다.

고대부터 약효를 높이 평가받은 너트맥과 메이스는 아시아 전역에서 거래되었다. 인도 베다 문헌은 너트맥을 구취, 두통, 발열 치료제로 추천했다. 아라비아 문화권에서는 최음제로 여겼고 엘리자베스 시대 잉글랜드에서 너트맥은 선페스트(전신의 림프절이 부어오르는 흑사병의 한 형태-옮긴이) 치료제로 쓰였다. 그 결과 17세기에 너트맥은 동일 중량의 금보다 비싸게 취급되었다.

아랍 상인들이 유럽에 들여온 너트맥과 메이스는 어마어마한 가격에도 불구하고 의약품과 요리에 널리 이용되었다. 무역상들은 1497년까지 이 향신료의 진짜 원산지를 용케 숨겼지만, 포르투갈의 탐험가 바스쿠 다가마가 희망봉을 개척한 이후 향신료 무역의 아랍 독점은 종식되었다. 포르투갈을 상대로 치른 전쟁에서 승리한 네덜란드 동인도회사는 향료 제도를 장악해 향신료 무역을 독점한 다음 이 지역을 필사적으로 방어했다. 무역에서 배제되고 싶지 않았던 영국은 네덜란드로부터 작은 룬섬을 비교적 평화적으로 인수했다. 이 일을 시작으로 영국과 네덜란드 사이에 일련의 전쟁이 일어났고 1674년에 종식되면서 룬섬은 현재의 뉴욕인 뉴암스테르담과의 교환을 조건으로 네덜란드에 반환되었다.

육두구는 보기 좋은 늘푸른나무이며 노란 배를 닮은 열매는 익으면 쩍 갈라져 불규칙한 그물 모양의 선홍색 헛씨껍질(특정 식물의 종자를 덮은 특수한 껍질)에 싸인 독특한 진보라~갈색의 견과를 드러낸다. 이 견과를 갈아서 향신료 너트맥을 만들고 헛씨껍질은 말려서 메이스를 만든다.

다른 명칭
Nuez de Banda

원산지
인도네시아 말루쿠주 반다섬

기후 + 서식지
습한 화산성의 저지대 숲

수명
최대 100년

성장 속도
연간 20~100㎝

최대 높이
20m

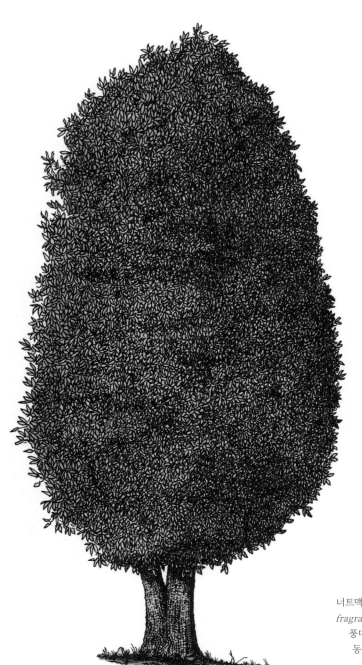

너트맥과 메이스는 모두 *Myristica fragrans* 열매로 만든다. 메이스의 풍미가 좀 더 섬세한데 둘 다 동아시아의 요리에 쓰인다.

다른 명칭
축림과槭林果, Ash-leaved maple, Elf maple, Maple ash, Manitoba maple

원산지
미국, 캐나다

기후 + 서식지
강이나 개울가의 저지대 서식지를 선호한다. 황무지나 변형된 땅에 대량 서식하기도 한다. 중성·약산성·염기성의 촉촉한 흙에 자란다.

수명
최대 100년

성장 속도
연간 15~60㎝

최대 높이
25m

네군도단풍은 물푸레 잎을 지닌
단풍ash-leaved maple이라고도 불린다.
겹잎이 물푸레 잎을
닮았기 때문이다.

Acer negundo (단풍나뭇과)
네군도단풍 Boxelder

아메리카 원주민의 음악

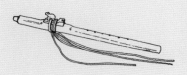

네군도단풍은 별명이 많지만 그중 가장 흔한 이름은 박스엘더Boxelder다. 그러나 엘더(딱총나무)가 아니라 단풍이다. 목재는 회양목(→P.16) 색과 유사하지만, 내구성은 비할 바가 못 된다. 잎은 엘더 또는 엘더베리Sambucus sp.와 비슷하다. 단풍 가운데 유일하게 겹잎을 지녔으며 북아메리카가 원산이지만 원산지에서는 잡초처럼 천대받는다.

네군도단풍은 사랑하기 어렵다는 것이 냉혹한 진실이다. 성장이 빠른 만큼 수명이 짧다. 목재는 저급해서 오늘날에는 주로 섬유판용 펄프로 쓰인다. 이 나무에는 빨간 테두리를 한 1cm 크기의 까만 곤충으로 생김새는 예쁘지만 지독한 악취를 풍기는 네군도단풍노린재Boisea trivittata가 들끓는다. 이 곤충은 가을이면 겨울을 날 따뜻한 장소를 찾아 집 안에 떼로 몰려 들어오기도 한다.

그러나 18세기에는 대부분의 아메리카 원주민 부족이 대륙 전역에서 장작을 비롯한 다양한 용도로 이 나무를 적극 이용했다. 네군도단풍 목탄으로 의식용 그림과 문신을 그린 부족도 있었다. 사탕단풍(→P.144)처럼 네군도단풍의 수액에는 천연 당분이 풍부해 대부분 부족은 나무의 수액을 뽑아 음료, 의약품, 시럽, 결정질 당을 만드는 법을 습득했다. 어린 가지의 심재는 보드랍고 물러서 쉽게 뽑아낼 수 있다. 가지 속을 파내 파이프, 풀무, 피리를 만들기도 했다. 네군도단풍은 아나사지 플루트Anasazi flute의 재료로도 밝혀졌다. 620~670년에 제작된 이 플루트는 8옥타브 반을 조금 넘는 범위의 생생하고 풍성한 소리를 낸다. 푸에블로 부족이 썼던 아나사지 플루트가 1931년 애리조나에서 원형 그대로 발굴되기도 했다.

오랜 세월 네군도단풍의 수많은 관상용 재배종이 선택되고 이름을 얻어 오늘날의 공원과 정원을 장식하고 있다. 그중에는 수술을 축 늘어뜨린 화려한 분홍 꽃이 피는 캘리포니아의 아종도 들어 있다. 얼룩덜룩하거나 잎이 황금빛인 품종도 있다. 최근에 이름 붙여진 '겨울 번개Winter Lightning' 품종은 잎이 선명하게 노랗고 어린줄기가 금빛을 띠어 겨울 정원에 멋진 포인트 역할을 한다.

Citrus × limon (운향과)

레몬나무 LEMON

달콤 쌉싸름한 갈증 해소제

감귤류는 4000년 이상 재배해왔지만, 각각의 종과 교잡종의 원산지와 분류 체계는 여전히 의견이 엇갈린다. 대표적인 예가 흔히 볼 수 있는 레몬이지만, 최근 중국 연구자들의 유전자 연구에 따르면, 부모는 둘 다 동남아시아 원산인 시트론*Citrus medica*과 광귤*Citrus × aurantium*이라 한다. 최근에 알려진 이 사실은 레몬의 재배가 어떻게 시작되었는지 잘 보여준다.

많은 나무가 그렇듯이 실크로드는 레몬의 전파에 중요한 역할을 했다. 레몬을 묘사한 고대 로마의 모자이크와 프레스코는 인근 중동 국가와의 과일 무역에서 영향을 받았을 것이다. 레몬나무에 대한 최초의 문헌 기록은 10세기 초에 농업의 혁신을 위한 통찰을 제시한 아랍인 쿠스투스 알 루미*Qustus al-Rumi*의 논문에서 찾아볼 수 있다. 11세기 초에 페르시아(이란)의 시인·철학자·여행가 나시르 이븐 후스로*Nasir ibn Khusraw*는 이집트인들이 레모네이드의 원조 격인 카슈카브*kashkab*라는 감귤류 음료를 즐겼다고 묘사한다. 재료는 발효된 보리, 박하, 루타, 흑후추, 시트론 잎이었다. 나중에 카이로의 유대인 공동체는 설탕과 레몬즙으로 만든 인기 음료 카타르미자트*qatarmizat*를 대량 생산, 수출했다. 17세기 무렵에는 레몬즙, 탄산수, 꿀을 재료로 한 레몬 스쿼시*citron pressé*의 전신인 '레모네이드'가 프랑스 파리에서 엄청난 인기를 끌고 유행하면서 레모네이드를 만드는 사람들이 콩파니 드 리모나지*Compagnie de Limonadiers*라는 조합을 결성할 정도였다.

빨간 꽃망울에서 터져 나온 향기로운 꽃의 뒷면은 자줏빛이 감도는 흰색이다. 비교적 강인해 쌀쌀한 지역에서도 겨울에 실내에 들여놓기만 한다면 화분에 작은 레몬나무를 키울 수 있다.

해리 벨라폰테*Harry Belafonte*의 1950년대 히트송 〈레몬나무*Lemon Tree*〉의 노랫말로 이 나무의 소개를 마무리한다. "레몬나무는 아름답고 레몬 꽃은 달콤하지요. 하지만 이 가련한 열매는 먹을 수가 없네요."

다른 명칭
없음

원산지
동남아시아

기후 + 서식지
열대, 아열대, 포근한 온대 기후 지역,
촉촉하고 배수가 원활한 중성~알칼리
성 토양

수명
보통 50년

성장 속도
연간 10~60㎝

최대 높이
3m

상록수인 레몬나무는 열매를 연중
맺는다. 나무 1그루는 1년에
레몬 270kg을 생산한다.

다른 명칭
없음

원산지
뉴질랜드

기후 + 서식지
아열대와 포근한 온대 기후 지역. 주기적인 화산 활동의 영향을 받는 혼효림. 습한 곳과 건조한 곳을 가리지 않으며 충분히 비옥한 산성~중성 토양에서 잘 자란다.

토타라의 씨앗은 다육질이며 가을에 붉게 익는다. 새들이 열매를 따 먹고 배설해 종자를 널리 퍼뜨린다.

수명
대체로 최대 1000년

성장 속도
연간 5~25cm

최대 높이
30m

Podocarpus totara (나한송과)

토타라 TŌTARA

마오리족의 유산

토타라는 뉴질랜드 남섬과 북섬 다우림의 상층부를 뒤덮은 침엽수지만 북쪽에서 더 흔히 볼 수 있다. 이 나무는 선사 시대부터 위풍당당한 거구로 존재해왔다. 토타라의 비늘 같은 뾰족한 잎은 6500만 년에 걸쳐 뻣뻣하고 꺼끌꺼끌한 황갈색의 납작한 형태로 진화했다. 이렇게 적응한 덕분에 토타라는 숲을 지배하는 고도로 진화한 현화식물과 경쟁할 수 있었다.

800년 전에 머나먼 남양 제도에서 뉴질랜드에 처음 도착한 마오리족은 그곳에 자생하던 어떤 나무보다 토타라를 귀하게 여겼다. 내구성이 강하고 잘 부식되지 않으며 결이 곧은 목재가 숟가락을 비롯한 도구를 만드는 데 이상적이었기 때문이다. 어떤 토양에서도 잘 자라는 강인한 토타라는 마오리족의 통나무배 와카waka의 재료로도 완벽했다. 토타라로는 낚시용으로 쓰이는 몇 미터 크기부터 100명의 전사를 태울 수 있는 전쟁용 통나무배인 와카 타우아waka taua까지 만들 수 있다. 놀랍게도 크기와 관계없이 대부분의 와카는 토타라 1그루의 속을 파내어 만든다. 이 나무는 전통 조각품인 와카이로whakairo의 재료로도 쓰이는데 와카이로로 만든 우상에는 그 우상이 표현하는 존재가 지닌 특성이 깃든다고 한다. 이 예술의 초기 작품으로는 1200~1500년에 조각된 무지개의 신 테 우에누쿠Te Uenuku 우상이 있다.

부식에 강한 토타라의 성질은 토타롤totarol이라는 물질을 함유한 심재에서 나온다. 마오리족은 그 항균성을 이용해 발열, 천식, 기침을 치료했다. 지금 그 용도는 화장품으로 한정되지만 이런 특성은 현대 과학 연구자들의 관심을 얻고 있다. 마오리족이 파케하Pākehā라 부른 유럽 정착민들이 도착하면서 대부분의 토타라가 베어져 건물이나 담장 또는 광대한 농장을 둘러싸는 울타리가 되었다. 이제 이 나무는 보호종이 되어 죽은 나무의 목재만 쓸 수 있다. 토타라 중에는 1800살이 넘은 개체가 최소 1그루 있다. 살아 있는 가장 오래된 토타라인 포우아카니Pouakani는 몸통이 거대하고 튼튼하며 화산 폭발 중에 나무의 안정성을 유지하기 위해 복잡한 뿌리가 지면에 노출되어 있다.

Sorbus torminalis (장미과)
팥배나무 WILD SERVICE TREE

왕의 활

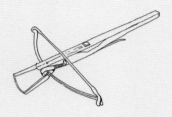

팥배나무는 유럽 전역과 아프리카, 이란 북부에 널리 분포하지만, 삼림 관리 정책의 변화와 진균 질환인 불마름병(주로 식물의 잎에 갈색 반점이 생기는 병으로 잎에 이 반점이 생기면 비바람에 쉽게 찢기거나 떨어진다-옮긴이)의 위협으로 갈수록 희귀해지고 있다. 잉글랜드와 웨일스에는 이 나무가 흔해 신석기인들에게 주식이던 열매와 목재를 제공했지만, 지금은 왕실의 사냥터 같은 오래된 삼림대에서만 볼 수 있다. 이 나무가 잉글랜드에 존재했다는 초기 증거는 컴브리아주 라운드시 숲에서 발견된 8000년 전의 꽃가루와 도싯주의 철기 시대 성채 메이든 캐슬에서 발견된 목탄 등 식물고고학에 한정되어 있다. 중세의 라틴어 문서를 보면 팥배나무의 역사적 가치를 알 수 있다. 1260년 기록에 의하면, 에식스주 하버링 공원에서 2그루의 팥배나무가 헨리 3세의 활을 만들기 위해 런던 타워로 옮겨졌다. 이 나무는 고운 결, 충실한 밀도, 탄력성 덕분에 악기부터 포도 압착기의 스크루까지 평화로운 물건의 제작에도 쓰였다.

영국에서는 이 나무를 체커스 트리Chequers tree라고도 하는데 열매는 '체커'로 알려져 있다. 학명 토르미날리스*torminalis*는 '배앓이에 효과가 있다'는 뜻이다. 조그만 구형 또는 호리병 모양의 적갈색 점박이 열매는 주로 과실주의 재료나 술에 더하는 향료로 쓰였기에 잉글랜드와 웨일스의 술집 중에는 '체커스The Chequers'라는 상호가 많다. 그 이름의 기원과 의미는 대부분 잊혔지만, 오늘날까지도 술집과 여인숙에는 눈에 잘 띄는 흑백의 체커판이 걸려 있다. 처음에는 시큼하던 열매가 가을 서리를 맞아 '농익은' 후에는 달콤한 맛으로 인간과 새들을 유혹한다. 예부터 열매는 벽난로 위에 주렁주렁 걸어서 숙성시켰다. 말린 살구와 비슷한 맛의 말랑하고 달콤한 과일은 송이째로 따먹거나 디저트의 재료로 쓴다.

5월에 흰 꽃을 가득 피우는 나무 자체도 아름답다. 가을에는 단풍과 비슷한 모양의 강렬한 구릿빛 잎을 자랑한다. 잎은 나방 애벌레가 즐겨 먹는 음식이다.

다른 명칭
Chequers tree

원산지
대부분의 유럽, 북아프리카, 지중해 동부, 캅카스

기후 + 서식지
볕이 잘 드는 점질토나 석회암 토양의 탁 트인 참나무 또는 물푸레나무 숲, 생울타리. 가뭄과 홍수를 잘 견딘다.

수명
최소 100년

성장 속도
연간 10~25㎝

최대 높이
25m

야생 팥배나무는 자웅동체로 꽃 한 송이에 암수의 생식 기관이 함께 들어 있다.

다른 명칭
코코넛야자, Cocoanut

원산지
남인도, 동남아시아, 몰디브, 스리랑카,
인도 락샤드위프

기후 + 서식지
열대, 아열대 해안의 햇살이 강렬한 곳.
간혹 내륙의 충적 평야까지 진입한다.

수명
최대 100년

성장 속도
연간 30~90㎝

최대 높이
30m

코코야자는 바다에 둥둥 뜬 채 먼 거리를
이동하다가 육지에 닿으면
뿌리를 내린다.

Cocos nucifera (야자과)

코코야자 Coconut Palm

만능의 나무

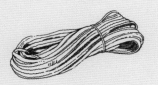

코코야자는 열대 지방 전역에서 상업적 가치가 가장 뛰어난 나무다. 그러나 그 외의 지역에 사는 사람들에게는 새하얀 모래와 청록색의 따스한 바다를 연상시키는 먼 이국 해안의 낭만적인 상징이다. 코코야자 원산지는 항상 논란이 있었다. 물에 잘 뜨는 열매가 수천 년간 해류와 인간의 힘을 빌려 전파되고 재배되었기 때문이다. 최근의 DNA 분석 결과 이 나무는 동쪽의 동남아시아, 서쪽의 남인도, 스리랑카, 몰디브, 인도의 남서 해안인 락샤드위프 제도에서 건너온 종자가 태평양 연안과 인도-대서양 연안이라는 별개의 지역에서 최초로 재배된 것으로 밝혀졌다.

인간은 이 나무의 모든 부위를 이용한다. 무엇보다 식물학적으로 견과가 아니라 핵과인 코코넛은 그 자체로 휴대가 가능한 완벽한 음료이자 식품이다. 껍질은 불에 태워 연료로 쓸 수 있고 섬유질로는 코이어coir 밧줄을 만들 수 있다. 커버, 바닥재, 식물을 재배하는 배지로도 쓰인다. 잎과 몸통은 건축에 쓰이고 달콤한 수액은 발효시켜 술을 만든다. 꽃은 채소처럼 요리에 쓴다. 잎이 붙어 있는 가운데의 순도 먹을 수 있지만, 이 부분을 제거하면 나무가 죽게 된다. 몸통의 속pitch은 빵으로 만들거나 수프 등의 요리에 첨가하고 뿌리는 볶아서 커피 비슷한 음료를 만든다.

그렇다 보니 말레이시아인들이 코코야자를 '1000가지 용도를 지닌 나무Pokok seribu guna'라 부르는 것도 무리가 아니다. 유럽인들도 그 가치를 인정해 이탈리아 상인이자 탐험가 마르코 폴로는 1280년 이 나무를 '인도의 견과Nux indica'라 불렀다. '코코넛'이라는 이름은 이 나무 열매가 그들의 문화에서 신화 속 털북숭이 괴물인 '엘 코코El Coco'를 닮았다고 본 스페인과 포르투갈 탐험가에게서 유래된 것으로 보인다.

오늘날에는 전 세계에서 식품과 화장품의 늘어나는 수요를 맞추기 위해 코코넛을 재배하고 있다. 해안 지역에 대한 적응성과 가뭄에 대한 내성 덕분에 이 거대한 야자는 성에가 끼지 않는 따뜻한 기후에서 거리를 장식하고 정원을 꾸미는 데 널리 이용된다.

Coffea arabica (꼭두서닛과)

커피나무 COFFEE

자극의 나무

600년 전까지 *Coffea arabica*는 에티오피아 산악림의 하층 식물에 불과했다. 하지만 오늘날 이 나무를 비롯한 '코페아종'은 국제 식물 무역에서 원유에 이어 2번째로 중요한 경제적 가치가 있다. 커피가 발견된 경위는 신화에 가깝다. 여러 가지 설 가운데 에티오피아의 염소 치는 목동 칼디Kaldi 이야기가 가장 잘 알려져 있다. 염소들이 빨간 열매를 주워 먹고 힘차게 날뛰는 모습을 목격한 칼디는 직접 그 열매를 먹어보고 갑자기 기운이 솟는 것을 느꼈다. 이 반응을 지켜보던 한 수도승도 호기심이 생겨 열매를 맛봤다가 수도원으로 돌아가 뜬눈으로 밤새웠다. 활력을 주는 열매에 대한 소문은 그 후로 널리 퍼졌다.

15세기 아라비아의 예멘 지역에서 커피가 거래됐다는 증거가 있다. 그곳에서는 코페아 원두를 끓여 '잠을 쫓는다'는 뜻의 가화gahwa라는 음료를 만들었다. 아라비아반도에서 재배되고 거래되면서 커피는 페르시아, 이집트, 시리아, 터키에도 정착했다. 1475년 세계 최초의 커피숍 키바 한Kiva Han이 콘스탄티노플(이스탄불)에 문을 열었다. 초기의 커피하우스는 새로운 정보, 사상, 문화 등을 교류하는 중심지 역할을 해서 '지혜의 학교'라 불렸다. 매년 전 세계에서 메카로 찾아오는 무슬림의 성지 순례가 초창기의 커피 전파에 기여를 했다. 메카를 통치하던 카이르 베이Kha'ir Bey는 1511년에 커피를 금지하려는 어리석은 시도를 했다. 그러나 술탄은 커피가 신성하다고 선언하고 그 통치자를 횡령죄로 추방했다.

커피나무는 서리가 없고 습윤하며 건기가 짧은 열대 기후와 아열대 기후가 적합하다. 깊고 배수가 잘되는 고지대 토양에서 잘 자란다. 아라비카는 커피 종 가운데 품질이 가장 뛰어나 전 세계에서 생산되는 커피의 50% 이상을 차지한다. 나머지는 대부분 로부스타robusta 원두인 *Coffea canephora*다. 나무에 함유된 높은 수준의 카페인이 해충을 쫓아낸다지만 최근 향긋한 흰 꽃의 수분을 돕는 곤충들도 인간처럼 카페인에 중독될 수 있다는 연구가 나왔다. 커피나무 입장에서 카페인은 결국 이 유익한 손님들이 다시 찾아오도록 유인하는 진화적 특성일 것이다.

다른 명칭
Arabian coffee, Arabica coffee,
Kona coffee

원산지
남수단, 에티오피아

기후 + 서식지
열대 기후의 습윤한 상록수림, 해수면
에서 600~700m, 비옥한 약산성 토양

수명
최소 100년

성장 속도
연간 10~30㎝

최대 높이
8m

커피콩을 감싼 빨간 과육은
항산화제가 풍부해 건강식품으로
널리 이용되고 있다.

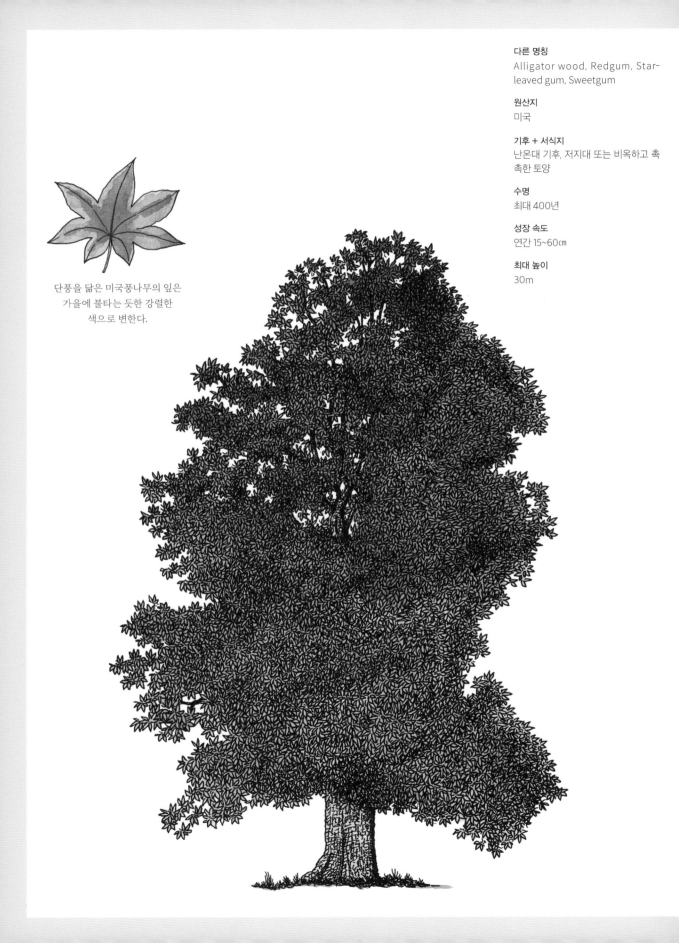

단풍을 닮은 미국풍나무의 잎은
가을에 불타는 듯한 강렬한
색으로 변한다.

다른 명칭
Alligator wood, Redgum, Star-leaved gum, Sweetgum

원산지
미국

기후 + 서식지
난온대 기후, 저지대 또는 비옥하고 촉촉한 토양

수명
최대 400년

성장 속도
연간 15~60㎝

최대 높이
30m

Liquidambar styraciflua (알팅기아과)
미국풍나무 ᴀᴍᴇʀɪᴄᴀɴ Sᴡᴇᴇᴛɢᴜᴍ

액체 호박

레드검redgum, 스타리브드 검star-leaved gum, 악어나무alligator wood, 스위트검sweetgum 등의 이름으로 알려진 *Liquidambar styraciflua*는 미국 동부 원산이다. 이 지역에서 독특한 별 모양의 진녹색 잎은 가을이면 노랑, 금빛, 짙은 주황색, 선홍색을 거쳐 짙은 자주색이 되며 그 상태로 한참 머무르다가 다른 나무들이 앙상해진 다음 나무에서 떨어진다.

껍질은 쭈글쭈글하고 거친 비늘 무늬가 있어 악어나무라는 이름이 붙었다. 하지만 이 나무는 검볼Gumball이라고도 하는 꼬투리로 가장 잘 알려져 있다. 1753년 스웨덴 출신의 식물 학명의 아버지 린네Carl von Linné는 나무에 '*Liquidambar*'라는 속명을 붙였다. 라틴어 리퀴두스Liquidus(액체)와 아랍어 암바Ambar(호박)에서 유래한 이름으로 나무가 배출하는 향기로운 진액을 의미한다. '수지가 흘러넘친다'는 의미의 종명 '*Styraciflua*'도 이 나무의 진액을 연상시킨다.

호박의 이용 사례를 처음 언급한 사람은 멕시코 연안을 탐험하고 스페인의 이름으로 쿠바를 정복, 지배한 후안 데 그리할바Juan de Grijalva였다. 그는 1517년 마야인과 교환한 선물에 대한 기록을 남겼다. 진액을 의약품으로 이용한 마야인은 스페인 정복자들에게 약초를 가득 채운 빈 갈대와 불을 붙여 연기를 피우면 산뜻한 향을 피우는 향긋한 액체 호박을 선사했다.

미국풍나무의 아름다움과 쓰임새에 대한 소식은 유럽으로 퍼져나갔다. 1681년 이 나무는 미국 식민지를 관할했던 런던 주교 헨리 컴턴Henry Compton이 북미에 파견한 선교사이자 박물학자인 존 배니스터John Baptist Banister가 영국에 도입했다. 나무 애호가였던 컴턴 주교는 미국풍나무를 런던 남서부 풀럼에 있는 자신의 정원에 심었다.

미국풍나무의 단단한 목재는 미국에서 참나무에 이어 2번째로 상업적 가치가 높다. 이 나무는 바닥재, 가구, 수납장, 판자, 합판, 바구니, 통, 그릇, 상자 등을 만드는 데 널리 쓰인다.

Pinus sylvestris (소나뭇과)

구주소나무 SCOTS PINE

칼레도니아의 아름다움

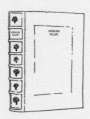

*Pinus sylvestris*는 소나무 종 가운데 가장 널리 퍼져 있다. 전 세계 약 125종의 소나무 대부분은 북반구인 유럽과 아시아 북부에 분포하지만 몇 종은 적도에 걸쳐 있다. 구주소나무는 단연코 가장 유용하고도 아름다운 소나무다. 가장 두드러지는 특징은 어릴 때는 분홍빛 도는 회색이었다가 늙으면 주황색이 되는 껍질의 색조.

수천 년 전 영국제도 대부분을 뒤덮었던 소나무 숲의 일부는 스코틀랜드에 남아 있다. 구주소나무는 마지막 방하기의 한 시점으로 빙상의 면적이 가장 넓었던 '마지막 최대 빙하기Last Glacial Maximum' 이후에 널리 퍼졌다. 9000년 전에는 프랑스에서 잉글랜드로 건너왔고 수백 년 뒤에 다른 지역, 추정컨대 스칸디나비아나 아일랜드에서 스코틀랜드에 도착했다. 기후가 따뜻해지면서 대부분 영국제도에서 사라졌지만, 스코틀랜드의 협곡과 계곡, 영국 생물다양성행동계획BAP 산하의 우선 관리 서식지인 캘리도니언 숲 등의 자연 서식지에 남아 있다.

구주소나무는 보통 자작나무(→P.204)와 함께 산성의 메마른 사질토에서 자란다. 이런 삼림에는 특히 소나무담비, 들고양이, 북방청서, 큰들꿩, 도가머리박새, 스코틀랜드솔잣새, 스코틀랜드나무개미, 랜노흐루퍼나방 등 남방의 숲에서는 찾아보기 어려운 동물 종이 풍부하다. 목재는 튼튼한 연재softwood로 건설업 또는 담장, 문기둥, 전신주 등에 널리 쓰인다. 과거에는 탄광의 갱도 버팀목으로 쓰이기도 했다. 송진을 채취해 테레빈유를 만들 수 있고 속껍질로는 밧줄을 만들 수도 있다. 마른 솔방울은 홀륭한 불쏘시개가 된다.

셰익스피어의 《리처드 2세》와 유명한 작가이자 정원사인 존 에블린John Evelyn이 집필한 《숲 또는 국왕 폐하의 영토에 자라는 임목과 목재의 증식에 대한 담론Sylva, or A Discourse of Forest Trees and the Propagation of Timber in His Majesty's Dominions》(1662)에 따르면, 부유한 지주들은 구주소나무 숲을 조성했고 재커바이트Jacobite(스튜어트 가의 제임스 2세와 그 자손을 영국의 정통 군주로 지지한 정치 세력-옮긴이)는 대의에 대한 충성을 드러내기 위해 구주소나무를 심었다.

보통 명칭
유럽적송, Scotch pine

원산지
유라시아

기후 + 서식지
온대 기후, 배수가 원활한 산성의 사질토

수명
대체로 최대 300년. 750년 이상 살았다는 개체도 있다.

성장 속도
연간 20~50㎝

최대 높이
40m

대부분 구과 식물이 그렇듯 구주소나무는 바람에 의해 수분된다. 암꽃이 솔방울로 성숙하는 데 2년이 걸린다.

다른 명칭
유럽박태기나무, European redbud

원산지
남유럽. 서남아시아

기후 + 서식지
온대 기후, 배수가 잘되는 토양

수명
최대 300년

성장 속도
연간 10~20㎝

최대 높이
12m

잎이 나기 전인 3~5월 연분홍 꽃이
피고 얼마 후 가지에 진보라
꼬투리가 맺힌다.

Cercis siliquastrum (콩과)

서양박태기나무 Judas Tree

피의 나무

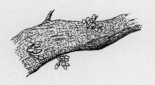

《성경》에는 유다의 이름이 붙은 나무나 그 밖의 어떤 나무에도 유다가 스스로 목을 맸다는 증거가 없다. 〈사도행전〉(1:18)에 따르면, 유다는 예수를 배반하고 손에 넣은 은화서른 닢으로 밭을 산 뒤 "몸이 곤두박질하여 배가 터져 창자가 다 흘러 나온지라".
하지만 그런 전설의 중심에 자리한 나무는 지금도 남아 있다. 건조한 기후를 좋아하는 서양박태기나무는 스페인, 남프랑스, 이탈리아, 불가리아, 그리스, 터키가 원산이다. 좁은 몸통에 우듬지는 왕관처럼 펼쳐진 작은 나무로 잎이 나기 전인 이른 봄에 자홍색 꽃을 흐드러지게 피운다. 이 보석 같은 나무는 영국제도에서 300년 이상 재배되었다. 가장 오래되고 멋진 표본은 케임브리지대학 식물원에서 볼 수 있다. 다른 콩과친척들처럼 이 나무는 꼬투리를 맺는다. 선명한 색의 꼬투리는 가을을 잘 견디고 잎이 다 떨어진 앙상한 가지에서 겨울을 이겨낸다. 서양박태기나무의 꽃은 식용이 가능해 샐러드 재료로 쓰인다. 16~17세기에는 약초로 취급되었지만, 오늘날에는 약용으로는 잘 쓰이지 않는다.
'유다의 나무'라는 이름은 한때 이 나무가 야생에서 자랐을 지역을 가리키는 프랑스어 '유대의 나무arbre de Judée'에서 유래됐을 가능성이 있다. 전설에 따르면, 가룟 유다는 예루살렘을 둘러싼 힌놈의 아들 골짜기의 아겔다마(피밭)에서 이 나무에 목을 맸다고 한다. 맨 가지, 특히 몸통에 바짝 붙어서 피는 꽃 때문에 나무가 피를 뿜는 듯이보인다는 데서 비롯된 이름이라는 설도 있다. 여기서도 피는 유다의 자살을 암시한다.
이 종에는 주목할 만한 품종이 여럿 있다. 흰 꽃을 피우는 품종이 특히 아름다운데,
1972년 영국 왕립원예학회RHS: Royal Horticultural Society에 출품해 수상한 바 있다. 처음 발견된 북웨일스의 정원 이름을 딴 '보드넌트Bodnant' 역시 짙은 자주색 꽃과 밤색꼬투리를 지닌 훌륭한 품종이다.

Carya illinoinensis (가래나뭇과)

피칸나무 Pecan

일리노이의 견과

피칸나무는 미국의 역사와 깊이 얽혀 있으며 이 나라를 건국한 선조들이 자랑스러워 하던 나무였다. 위대한 원예가이자 조경사였던 1대 대통령 조지 워싱턴은 피칸 종자 1포대를 손에 넣어 버지니아주 마운트 버넌에 있는 정원에서 싹을 틔우는 데 성공했 다. 이 포대를 선물한 사람은 바로 독립선언문의 주 저자이며 훗날 3대 대통령이 된 토 머스 제퍼슨이다. 역시 버지니아주 몬티첼로에 소재한 과수원에서 제퍼슨은 그와 워 싱턴이 '일리노이의 견과'라 부른 나무 몇 그루를 기르고 있었다.

피칸은 우람한 낙엽성 히코리나무(→P.160) 일종으로 미국 남부와 멕시코가 원산이 다. 호두나무(→P.36)와 매우 가까워 스페인 정복자들은 16세기에 피칸을 유럽, 아프 리카, 아시아에 소개하면서 '호두las nuez'라 불렀다. 유럽 정착민들의 식민지 건설 이전 에 피칸은 원주민들의 영양 식품이었고 물물교환에서는 현금처럼 쓰였다. 이 나무가 연중 결실을 맺는 것은 아니었기에 열매를 최소 한 계절 이상 보관할 수 있다는 점은 피칸의 큰 장점이었다.

피칸은 1880년대부터 미국 경제에서 중요한 역할을 하다가 비교적 최근에 상업화된 작물이다. 현재 연간 생산량은 13만 5000톤이 넘는데 멕시코와 뉴멕시코주, 조지아 주, 텍사스주 등에서 비슷한 양을 생산하고 있다. 오늘날에는 계절마다 번갈아 열매 를 맺는 한 쌍의 영양계 선택으로 자연 상태에서의 연 2회 수확을 극복한다.

텍사스주는 샌 사바 타운이 피칸의 수도라고 주장하며 피칸을 주의 상징으로 삼았 다. 남부 여러 주의 몇몇 도시에서는 매년 피칸의 수확을 축하하는 행사를 연다. 수명 이 긴 이 나무의 용도는 또 있다. 결이 매우 고와 가구 제작이나 마루 바닥재의 수요가 높으며 북미의 가장 더운 지역에서는 반가운 그늘도 제공한다. 무엇보다 피칸은 파이 재료로 더할 나위가 없다.

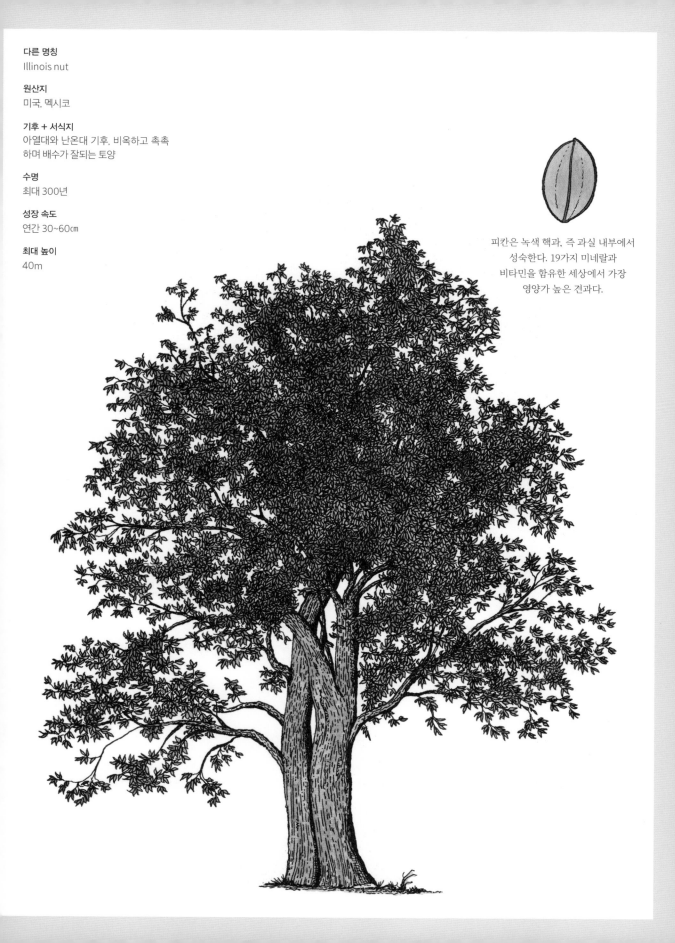

다른 명칭
Illinois nut

원산지
미국, 멕시코

기후 + 서식지
아열대와 난온대 기후, 비옥하고 촉촉
하며 배수가 잘되는 토양

수명
최대 300년

성장 속도
연간 30~60㎝

최대 높이
40m

피칸은 녹색 핵과, 즉 과실 내부에서
성숙한다. 19가지 미네랄과
비타민을 함유한 세상에서 가장
영양가 높은 견과다.

버즘나무 꼬투리에는 거칠거칠한
열매가 조롱조롱 열린다.
열매는 잎이 다 떨어진 후에도
나무에 남아 있곤 한다.

다른 명칭
미국오동, 방울나무, 플라타너스, Old
World sycamore

원산지
유라시아

기후 + 서식지
온화한 온대~아열대 기후. 저지대의 축
축한 토양. 일단 뿌리를 내리면 다소 건
조한 환경에도 적응한다.

수명
대체로 500년

성장 속도
연간 15~60㎝

최대 높이
50m

Platanus orientalis (버즘나뭇과)

버즘나무 ORIENTAL PLANE

군인에게 내어주는 그늘

버즘나뭇과에는 버즘나무속*Platanus*이 유일하며 몇 안 되는 종은 대부분 북아메리카 원산이다. 하나같이 키가 30~50m에 이르는 거대한 나무들이다. 북반구에는 2가지 중요한 종이 있다. 북아메리카에서 가장 흔한 종은 양버즘나무*Platanus occidentalis*로 아메리칸 시카모어American Sycamore라고도 한다. 다른 종인 버즘나무*Platanus orientalis*는 발칸에서 시작해 동쪽으로 이란을 아우르는 아시아와 유럽 원산이다. 그중에는 히포크라테스의 나무로 추정되는 개체도 있다. 코스섬에 살고 있는 이 나무 밑에서 히포크라테스가 의술을 가르쳤다고 추정된다. 건조하고 오염된 환경에 적응한 종도 있지만, 버즘나무는 습지나 강가의 오리나무, 버드나무, 포플러 옆에서 가장 잘 자란다. 이 나무는 물과 그늘을 중심으로 설계된 페르시아 정원에서 매우 중요하다. 그리스에서 버즘나무는 오래전부터 그늘을 만들어주는 나무로 귀한 대접을 받았으며 500살이 넘는 개체도 여럿 있다.

가장 흔한 버즘나무는 양버즘나무와 버즘나무가 우연히 교잡된 런던버즘나무*Platanus × acerifolia*로 1670년대 초 옥스퍼드에서 처음 확인되었다. 이 나무는 성장이 빠르다. 훌륭한 교잡종이 으레 그렇듯 건강하고 생기가 있으며 병충해에 강하다. 이름이 유래된 고향 런던에서 이 나무는 가로수로 가장 흔히 식재하는데 오염 물질을 흡수할뿐더러 공해 속에서 더 잘 자라는 것처럼 보인다. 수피에서 짙은 색의 해묵은 껍질 조각이 떨어져 나가면 황색과 황록색의 얼룩무늬가 생긴다.

전해 내려오는 이야기에 따르면, 18세기 말에 나폴레옹은 행군하는 병사들을 위한 그늘을 만들려고 대로변에 이 나무들을 심도록 명령했다. 그 이야기가 사실이든 아니든 이 가로수는 현재 제거될 위기에 처했다. 운전자들이 가로수를 들이받아 엄청난 사상자가 발생하고 있는 탓이다. 정말로 제거된다면 이 아름다운 나무의 무늬목은 쟁반, 그릇, 장식품이 될 것이다.

Quercus robur (참나뭇과)

로부르참나무 ENGLISH OAK

대제국의 건설자

로부르참나무는 어떤 나무보다 영국이라는 나라의 민속과 전통, 문화와 역사에 속속 들이 스며들어 있다. 잉글랜드, 정확히 영국제도에만 자생하는 것은 아니지만 영국의 자랑이자 영국인이 가장 사랑하는 나무가 되었다. 러디어드 키플링Rudyard Kipling은 "올드 잉글랜드가 사랑하는, 아름답게 자란 온갖 나무 가운데 태양 아래 참나무와 물푸레, 가시나무보다 위대한 것은 없으리…"라고 표현했다.

실제로 참나무는 영국 역사에서 한몫했다. 영국에는 로열 오크Royal Oak라는 간판을 단 술집이 500군데가 넘는다. 이는 슈롭셔 보스코벨 하우스 근처의 특정 나무를 가리키는 이름이다. 왕이 되기 전 찰스 2세는 1651년 우스터 전투(영국 내전의 마지막 전투로, 찰스 2세의 왕당파가 올리버 크롬웰이 이끄는 의회신형군에 패배했다-옮긴이)에서 패한 후 라운드헤즈Roundheads(영국 청교도 혁명 시대의 의회파를 달리 이르던 말로 머리를 짧게 깎은 데서 나왔다-옮긴이)를 피해 그 집에 숨었다. 오늘날 그 자리에 서 있는 나무는 옛날 나무의 300살 된 자손인데 '로열 오크의 아들'로 불린다.

바이킹은 참나무 배를 타고 잉글랜드에 도착했고 500년 뒤 잉글랜드 남부 뉴포레스트를 비롯한 왕실림은 영국 전함을 만들 목재를 제공했다. 덕분에 잉글랜드는 세계의 대부분을 정복하고 식민지로 삼아 역사상 최고의 대제국이 되었다. 헨리 8세의 그 유명한 메리 로즈호를 건조할 때는 약 600그루의 참나무를 벌목했다. 넬슨의 기함 HMS(영국 군함 앞에 붙이는 약자로 '국왕 폐하의 배Her/His Majesty's Ship'라는 뜻-옮긴이) 빅토리호 제작에는 5500그루가 희생되었다. 그 결과 1703년 대폭풍으로 4000그루가 쓰러진 숲에 성숙한 개체들이 심각하게 고갈되었다. 그러나 배 만드는 데 적합하다는 뜻으로 위쪽을 가리키는 화살표를 몸통에 새긴 옛 나무들은 지금도 남아 있다.

로부르참나무는 수령이 대개 1000년 이상이다. 그런 오래된 나무를 보호하려고 엄청난 노력을 투입하고 있다. 참나무는 자라는 데 300년, 사는 데 300년, 죽는 데 300년이 걸린다는 말이 있다. 죽고 나서도 그 자리에 우뚝 선 채 웅장한 기념비로 남는다.

다른 명칭
유럽갈참나무, Common oak,
European oak, Pedunculate oak

원산지
유럽

기후 + 서식지
온대와 아열대 기후. 깊고 축축한 토양.
뿌리를 잘 내린 나무는 단기간의 홍수
를 견딜 수 있다.

수명
최소 800년

성장 속도
연간 20~50㎝

최대 높이
40m

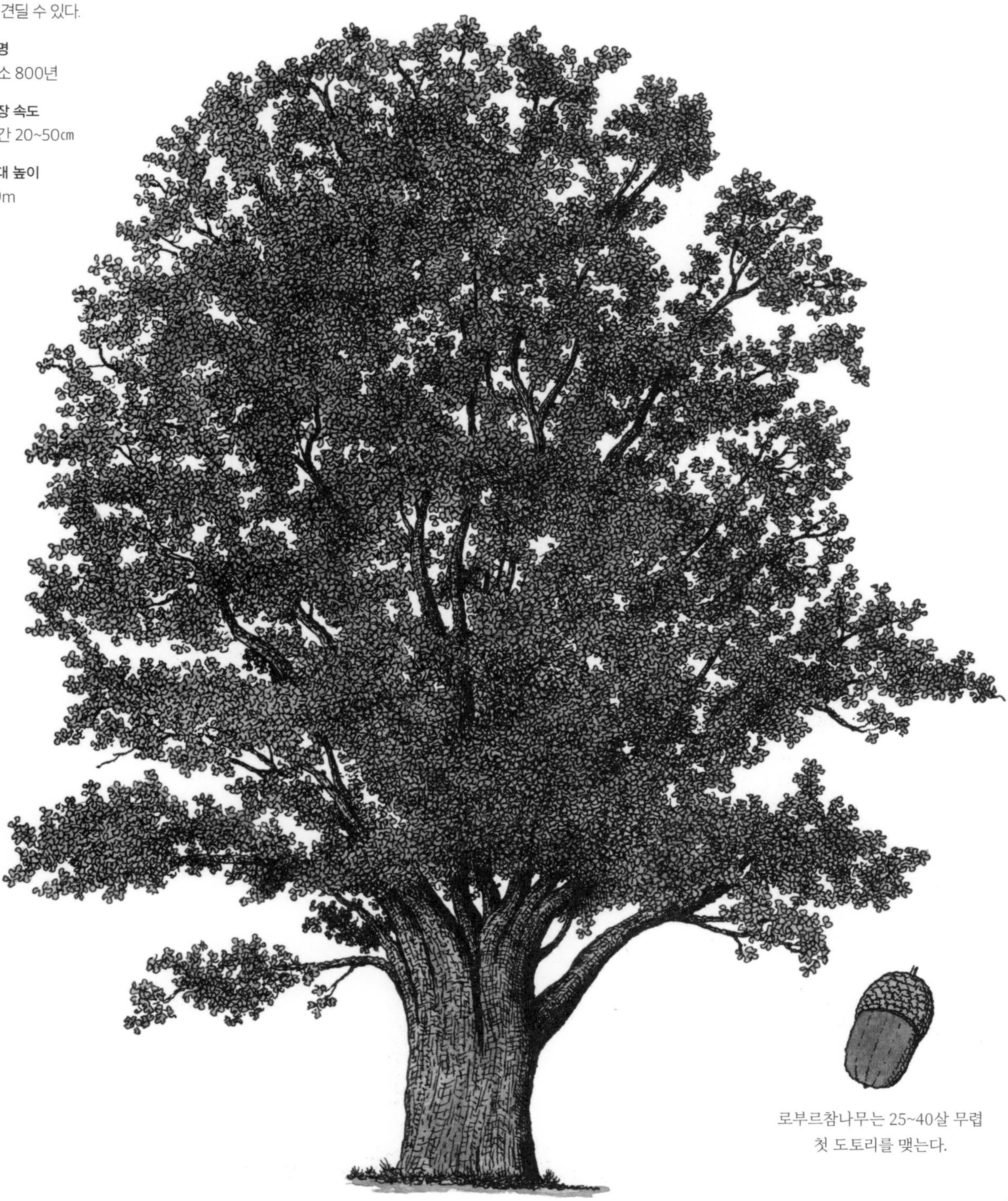

로부르참나무는 25~40살 무렵
첫 도토리를 맺는다.

다른 명칭
미국찰나무, Cinnamon wood,
Common sassafras, Filé gumbo

원산지
북아메리카 동부

기후 + 서식지
온대와 아열대 기후, 탁 트인 삼림 또는
배수가 양호한 사양토沙壤土

수명
영양계 포기 나누기를 통해 최소 150년

성장 속도
연간 30~60㎝

최대 높이
25m

사사프라스 잎은 열편裂片이 하나,
둘, 셋인 세 형태를 띨 수 있다.
3개가 가장 흔하다.

Sassafras albidum (녹나뭇과)
사사프라스 SASSAFRAS

루트비어의 나무

북미 온타리오주·미시간주·플로리다주·텍사스주에 이르는 지역이 원산인 사사프라스는 오랜 세월 아메리카 원주민들에게 소중한 나무였다. 목재는 쪽배 제작에, 잎·뿌리·껍질은 식품과 약재로 쓰였다. 촉토족은 말려서 빻은 사사프라스 잎을 요리 양념과 농후제로 쓴 최초의 부족이다. 훗날 케이준cajun(캐나다에서 살던 프랑스 이민자들이 영국인에 의해 루이지애나주에 강제로 이주하면서 형성된 식문화-옮긴이)과 크리올creole(프랑스, 스페인계 이민자와 원주민, 흑인 사이의 혼혈 인종 또는 문화-옮긴이)에서는 이런 습관들을 검보gumbo(토마토·양파·해산물·소시지 등을 넣어 걸쭉하게 만든 스튜-옮긴이) 등의 요리에 채택했다. 체로키족은 사사프라스를 이용해 상처를 치유하고, 열을 내리고, 설사를 고치고, 류머티즘을 완화하고, 감기를 치료하고, 기생충을 퇴치했다.

생뚱맞게도 사사프라스는 신세계의 발견에도 한몫했다고 전해진다. 콜럼버스는 찝찔한 바다 냄새 속에서 이 나무의 달콤한 감귤 향을 감지하고 후각이 이끄는 대로 이동하다가 육지를 발견했다. 대체로 초기의 유럽 탐험가와 식민주의자들은 아메리카 원주민과 평화롭게 교류하다가 사사프라스의 효능을 알아갔다. 영국의 학자이자 번역가인 토머스 해리엇Thomas Harriot은 1583년 사사프라스를 "가장 상큼하고 싱그러운 향을 지닌 나무, 수많은 병을 치유하는 보기 드문 미덕을 가진 나무"라고 썼다.

이런 홍보에 힘입어 사사프라스는 잉글랜드에 도입되었다. 때마침 매독이 유행하면서 이 나무의 수요는 크게 높아졌다. 근대 초기에는 특정 질병이 창궐하는 땅에는 하느님이 그 치료약을 미리 마련해둔다는 인식이 있었다. 매독은 북아메리카에서 유래했다고 알려졌기에 사사프라스가 치료제라는 소문이 돌았지만 나중에 전혀 효과가 없다는 사실이 밝혀졌다. 건축재로 쓰이는 목재와 음식에 맛을 더하는 잎의 수요에 더해 이런 인식은 17세기 초 '사사프라스 대사냥'을 초래했다. 아니나 다를까 사사프라스의 자연 개체군이 급감하면서 거래도 둔화되었다. 그 후 이 나무는 루트비어root beer 같은 음료의 재료로 인기를 끌었지만 20세기 들어 암을 유발하는 성질이 있음이 밝혀지면서 사용 전에 유독한 사프롤safrole 오일을 제거하는 과정을 거쳐야 한다.

Pinus parviflora (소나뭇과)
섬잣나무 JAPANESE WHITE PINE

분재의 왕

일본 정원에서 빠질 수 없는 나무인 소나무는 일본과 중국에서 오래전부터 장수의 상징이었다. 지구상에서 가장 오래 살았다는 인물(117세에 사망)이 일본인이었고 현존하는 장수 기록 보유자(이 글을 쓰는 현재 116세)도 일본인인 것을 보면 아무래도 이 나무에 장생을 가져오는 능력이 있는 것 같다.

곰솔*Pinus thunbergii*, 소나무*Pinus densiflora*, 섬잣나무*Pinus parviflora* 3종은 모두 일본 원산으로 정원에서 귀한 대접을 받는다. 일본인들은 나무의 형태를 아름답게 잡고 자연 상태와 비슷하게 우거진 가지를 만드는 동시에 완벽에 가까운 상태를 유지하기 위해 엄청난 정성을 쏟는다. 낮은 가지는 그대로 남겨 지지대로 떠받치기도 한다. 상층 간벌crown-thinning이라는 가지치기 기술은 일부 솔잎을 제거해 성장 방향을 통제하고 상층부를 열어 나무가 골고루 빛을 받게 하는 게 목적이다. 이 역시 크게 보면 분재의 일종으로 구름 가지치기 또는 니와키庭木라고도 한다.

섬잣나무는 일본에서 대나무와 매화와 더불어 겨울을 대표한다. 이 나무는 일본 외에도 관상용으로 가장 사랑받는 종이다. 짤막한 바늘잎은 멋지게 꼬여 있고 남빛을 띠기도 한다. 성숙한 나무 몸통은 두께가 1m에 이를 수 있지만, 이 종은 다른 일본 소나무들에 비해 크기가 작고 성장 속도가 느려 분재의 소재로 이상적이다. 일본에서는 이 소나무를 고요마츠五葉松라 한다. 워싱턴 DC 국립분재페닝박물관에 가면 오래된 섬잣나무를 볼 수 있다. 1976년 미국 200주년 기념행사 때 분재 장인 야마키 마사루山木勝가 미국에 선물한 것이다. 야마키 가족은 여러 세대에 걸쳐 1945년 히로시마 원폭 낙하 지점에서 채 3km도 떨어지지 않은 지역에 살았다. 야마키와 가족, 분재는 폭격에서 겨우 살아남았지만, 이 나무를 선물할 때 이 사연을 언급하지 않았다. 400살에 가까운 이 분재는 지금도 살아 있다.

다른 명칭
오엽송五葉松, 울릉도 백송, Goyo-
matsu, Ulleungdo white pine

원산지
일본, 한국

기후 + 서식지
해안과 내륙의 서늘한 기후를 선호한
다. 매우 강인하다. 배수가 원활하다면
토양을 별로 가리지 않는다.

수명
최소 500년

성장 속도
연간 30~60㎝

최대 높이
25m

섬잣나무의 잎은 다섯 갈래의 바늘
모양이다. 종자는 날것으로 또는
조리해 먹을 수 있다.

다른 명칭
Wild plum

원산지
미국, 캐나다

기후 + 서식지
따뜻하거나 서늘한 기후 지역. 일조량
이 큰 비옥한 토양을 선호한다.

수명
최대 100년

성장 속도
연간 30~45㎝

최대 높이
8m

미국자두나무 열매는 작고 껍질이
두꺼우며 과육이 달콤하다.
색은 노랑, 빨강, 분홍, 보라 등
다양하다.

미국자두나무 AMERICAN PLUM

샤이엔족의 먹거리

야생종인 미국자두나무는 북미 고유의 벚나무속*Prunus* 나무 가운데 가장 흔하다. 벚나무속에는 자두나무를 비롯해 양벚나무(→P.58), 아몬드나무(→P.60), 복숭아나무(→P.28)와 천도복숭아가 포함된다. 미국자두나무와 가장 가까운 종은 캐나다자두로 알려진 *Prunus nigra*다. 이 두 종은 캐나다와 미국에서 같은 서식지를 공유한다.

북아메리카에 처음 정착한 유럽인들은 야생자두를 높이 평가해 과실이 빨간 종과 노란 종, 당도가 높은 종과 낮은 종 등 다양한 품종을 개발했다. 미국자두나무는 과실수나 관상용으로 재배하지만, 농장에서 상업적으로 재배하지는 않는다. 과거에 경작용으로 선택한 200종 가운데 지금껏 남아 있는 품종은 거의 없고 유럽자두나무*Prunus domestica* 품종들이 그 자리를 메웠다.

작고, 가시가 있고, 겨울을 잘 견디는 이 나무는 다양한 토양에 잘 적응한다. 아름다운 순백색의 꽃은 초봄에 잎이 없는 가지에 송이송이 돋아나 햇빛을 받으면 활짝 핀다. 이 나무는 새와 짐승들에게 안전한 쉼터를 제공도 한다. 사슴은 미국자두나무의 연녹색 잎을 즐겨 먹지만 그 추출물은 많은 곤충에게 독이 될 수 있다.

아메리카 원주민들은 유럽인들이 건너오기 한참 전부터 마을에 미국자두나무를 키웠고 과수원을 널리 조성했다. 애리조나주와 멕시코의 피마족과 샤이엔족은 그 과일을 생으로 또는 말려서 디저트 재료로 즐겨 먹었다. 특히 말린 것은 훌륭한 간식거리였다. 오늘날 이 과일은 주로 보존 식품이나 젤리를 만드는 데 쓰인다.

큰 나무로 성장할 수도 있지만 미국자두나무는 생울타리의 관목에서 주로 볼 수 있다. 미국자두의 실용적 용도는 이제 농장에서 바람을 막는 역할에 그친다. 정기적으로 가지치기를 하거나 다듬어주면 나무가 스스로 흡지를 만들어낸다. 덤불을 형성하기 때문에 침식을 방지하는 데 유용하며 종종 숲을 복원하는 데도 쓰인다.

Acer saccharum (단풍나뭇과)
사탕단풍 SUGAR MAPLE

수액을 시럽으로

캐나다 국기에도 등장하는 사탕단풍은 전형적인 단풍나무의 잎을 지녔다. 캐나다와 미국 북동부가 원산인데 이 일대에서 가장 사랑받는 나무 가운데 하나다. 뉴욕주, 웨스트버지니아주, 위스콘신주, 버몬트주 모두 사탕단풍이 자기 주를 상징한다고 주장한다. 사탕단풍은 세계에서 상업적 가치가 가장 큰 종이기도 하다. 덩치 큰 나무들은 대부분 목재로 가치가 있지만 사탕단풍과 사촌인 흑단풍*Acer nigrum*은 전혀 다른 이유로 중요하게 취급된다.

피칸 너트(→P.132)와 블루베리, 메이플 시럽은 미국인이 가장 좋아하는 식품이다. 북아메리카 원주민들은 유럽에서 온 이민자들에게 시럽(결정질 당) 만드는 법을 가르쳐주었다. 캐나다는 현재 전 세계에 공급되는 메이플 시럽의 70%를 생산하고 미국 내에서는 버몬트주의 생산량이 가장 많다. 고무처럼 메이플 시럽도 수액을 채취해 만든다. 눈이 녹기 시작하는 봄에 나무에서 졸졸 흐르는 수액을 받은 다음 가열해 수분을 증발시키면 끈적끈적한 시럽이 남는다. 메이플 시럽이 왜 비싼지 의아하겠지만 수액 50ℓ로 얻을 수 있는 순수한 메이플 시럽은 고작 1ℓ에 불과하다.

인간만 사탕단풍을 좋아하는 것은 아니다. 이 나무는 눈덧신토끼, 흰꼬리사슴, 다람쥐, 말코손바닥사슴에게도 새싹, 씨앗, 가지, 암녹색 잎 등 풍성한 먹거리를 제공한다. 사탕단풍에서 얻을 수 있는 상품은 시럽에 그치지 않는다. 목재 역시 가치가 있다. 2001년 메이저리그 야구 선수 배리 본즈Barry Bones는 기존의 물푸레 배트를 단풍나무 재질로 바꾸고 나서 해당 시즌에 73회 홈런이라는 기록을 세웠다.

단맛 외에 사탕단풍이 가을마다 선사하는 아름다움도 빼놓을 수 없다. 녹색에서 노랑, 빨강을 거쳐 갈색조로 변하는 단풍은 해마다 수많은 관광객을 유혹한다. 작곡가 조제프 코스마Joseph Kosma를 위해 조니 머서Johnny Mercer가 쓴 〈낙엽Autumn Leaves〉의 노랫말은 지금도 이 곡이 처음 나온 70년 전만큼 인기가 있다.

다른 명칭
은단풍, Rock maple

원산지
미국, 캐나다

기후 + 서식지
서늘한 기후, 비옥하고 촉촉한 토양

수명
최대 400년

성장 속도
연간 30~60㎝

최대 높이
40m

매우 독특한 모양의 단풍잎은
캐나다의 상징이기도 하다.

호두를 상업적으로 생산할 때는
특별한 기계로 열매에서
알맹이를 분리한다.

다른 명칭
Eastern black walnut

원산지
미국, 캐나다

기후 + 서식지
따뜻한 온대 기후의 비옥한 하천가 토양

수명
최대 300년

성장 속도
연간 30~120㎝

최대 높이
40m

Fuglans nigra (가래나뭇과)
흑호두나무 BLACK WALNUT

북아메리카의 견과

사촌인 호두나무(→P.36)처럼 흑호두나무는 열매와 목재가 가치가 있다. 흑호두나무
는 북아메리카 원산으로 수천 년간 원주민 부족의 삶에서 중요한 역할을 했다. 넓게
펼쳐진 수관으로 여름철에 고마운 그늘을 제공하는, 키가 크고 튼튼하며 위풍당당
한 나무다. 추위를 잘 견디고 잎이 다 떨어진 겨울에는 속pith이나 가지 내부의 해면 조
직으로 구분할 수 있다. 봄에는 낙엽이 남긴 말발굽 모양의 잎 자리leaf scar에서 싹이
튼다. 흑호두라는 이름은 짙은 색 견목과 어린나무에서도 발견되는 거의 검정에 가까
운 주름진 수피에서 유래되었다.

이 나무의 어두운색 심재는 특히 아름답다. 결이 곧고 얼룩덜룩한 무늬가 있으며 내
구성이 강해서 다루기가 쉽다. 라임만큼 큼직한 열매는 가을철에 나무 밑에 세워둔
차를 파손할 수 있다. 아메리카 원주민과 초기 유럽 정착민들에게 지방과 단백질을
제공하는 귀한 나무였지만 알맹이를 다치지 않고 껍데기에서 분리하기가 매우 까다
롭다. 한때는 빈껍데기를 오래 가는 황갈색 염료나 잉크를 만드는 데 쓰기도 했다.

아메리카 원주민들은 흑호두나무의 잎, 열매의 껍데기, 나무껍질, 줄기, 열매를 모기
퇴치제, 피부용 연고, 해열제, 신장 질환 치료제, 치통 완화제, 매독 치료제, 독사 해
독제 등 의학적 용도로 광범위하게 쓴다. 놀랍게도 상반된 두 증상인 변비와 설사를
치료하는 데 쓰기도 했다.

흑호두나무는 뿌리에서 생화학 성분을 방출해 경쟁자에게 해를 입힌다. 몇몇 다른 식
물에서도 일어나는 이 현상은 타감 작용(→P.92)이라 한다. 호두가 타감 작용으로 유명
하기는 하지만 플리니우스는 이 특성을 과장한 감이 있다. "호두나무의 그림자가 닿
는 곳에만 있어도 식물은 피해를 입는다." 하지만 흑호두나무가 모든 식물에 유해한
것은 아니다. 인간에게는 특히 무해하다. 오늘날 호두는 제과류에 아삭한 식감과 풍
미를 더한다.

Cinchona officinalis (꼭두서닛과)

키니네 QUININE

군대를 위한 토닉

키니네는 남아메리카 서부에서 관목 또는 작은 나무의 형태로 자란다. 안데스 산비탈이 원산지다. 에콰도르에 특히 많지만, 페루, 볼리비아, 컬럼비아에도 분포한다. 다습한 산간 열대 지역의 식물로 1500~2700m 고도에서 자라며 빨강 또는 분홍 꽃을 피우는 늘푸른나무다.

기나나무속*Cinchona*은 경제성 있는 말라리아약 퀴닌을 얻는 유일한 출처다. 이 물질은 프랑스의 화학자 피에르 펠레티에Pierre Pelletier와 조셉 카방투Joseph Caventou가 1820년 나무껍질에서 처음 분리했다. 가루로 만든 껍질 추출물은 예수회 수도사이자 약제상이던 아고스티노 살룸브리노Agostino Salumbrino가 페루 고산 지대의 케추아족이 오한을 줄이기 위해 달콤한 음료에 껍질 가루를 넣는 모습을 목격한 1632년부터 말라리아 치료에 쓰였다. 케추아족의 오한은 말라리아가 아니라 감기 탓이었지만 공교롭게도 껍질의 퀴닌이 말라리아에도 효과가 있음이 드러났다.

수백 년 후에 말라리아는 대영제국의 심장부를 위협했다. 병사, 정부 관료, 부녀자 할 것 없이 온 국민이 이 병의 치명적인 위협에 직면하면서 영국인들은 나무껍질 가루를 탄산수나 설탕과 섞어 치료용 토닉 워터의 베이스를 만들기 시작했다. 인도에 정착한 한 영국 장교는 이 토닉 워터를 지배층의 사랑을 받고 있던 진gin과 섞었다. 이렇게 만들어진 진 토닉은 약물과 쾌락의 혼합체로 대단한 인기를 끌게 되었다. 윈스턴 처칠은 "대영제국의 의사 전부를 합쳐도 진 토닉만큼 영국인의 삶과 정신을 구원할 수는 없으리라"라는 유명한 말을 남겼다. 진 토닉의 형태가 아닌 키니네는 20세기 초 파나마 운하를 건설하는 인부들의 참혹한 죽음을 줄이는 데도 크게 기여했다.

2차 세계대전 중에는 이 나무껍질을 구할 수 없을지 모른다는 두려움과 키니네의 수요 증가로 합성 대용물을 찾아야 할 필요성이 대두되었다. 1944년 미국 화학자들이 그 생산에 성공했다. 그때 이후로 다른 합성 물질들도 속속 등장했지만, 수지 타산과 효능 면에서 천연 재료에 비할 바가 못 되었다.

다른 명칭
Jesuit's bark, Peruvian bark

원산지
남아메리카

기후 + 서식지
습한 열대 기후, 비옥한 토양

수명
기록이 없다. 8~12년이면 모조리 수확
한다.

성장 속도
연간 1~2m

최대 높이
8m

키니네는 커피나무처럼 꼭두서닛과
특유의 흰색 또는 연분홍색
꽃을 피운다.

다른 명칭
Jenever, Juniper

원산지
북아메리카, 북아프리카, 아시아, 유럽

기후 + 서식지
냉대~난대~아열대 기후. 적응력이 강하지만 석회질 토양에서 가장 잘 자란다.

수명
최대 600년

성장 속도
연간 2~5㎝

최대 높이
15m

작고 쓴쓸한 두송 열매는
진과 게네베르의 맛을
내는 데 쓰인다.

Juniperus communis (측백나뭇과)
두송 COMMON JUNIPER

어머니의 술

두송은 지리적 분포가 가장 두드러진다. 목본 식물(줄기나 뿌리가 비대해져서 질이 단단한 식물로 교목, 관목, 상록수, 낙엽수, 침엽수, 활엽수 따위로 분류한다-옮긴이) 가운데 분포 범위가 가장 넓다. 북반구의 북극 주위와 영국을 비롯한 유럽, 북아프리카, 아시아, 북아메리카에도 분포한다. 변이종도 매우 다양해서 나무와 같은 비율로 자라는 갖가지 형태의 관목으로도 발견된다. 변이는 주로 유전에 의해 일어나지만, 기후, 지리, 동물의 포식 등 환경 요인으로 유발되기도 한다. 이 나무는 조각조각 일어나는 섬유질의 회갈색 껍질, 흰 변재, 갈색이 도는 분홍빛 심재를 갖는다. 어찌 보면 껑충한 가시금작화 덤불을 닮은 면이 있고 몸통은 구불구불하게 꼬였으며 잎은 가지 끝에 모여서 난다.

두송을 네덜란드어로 게네베르(genever 또는 jenever)라 하는데 이름만 봐도 이 나무의 쓸쓸한 파란 열매가 무엇의 재료로 유명한지 짐작할 수 있다. 홀랜드hollands라고도 하는 게네베르와 진은 서로 다른 술이지만 둘 다 재료는 두송 열매다. 런던 드라이 진london dry gin은 1689년에 잉글랜드, 스코틀랜드, 아일랜드의 왕이 된 네덜란드 왕 오라녜 공 빌럼William of Orange이 보급했다. 빌럼과 왕비 메리는 증류주 제조 규제를 풀어 누구나 진을 생산할 수 있게 했다.

18세기에 두송 열매는 노동자 계층이 사랑하는 술의 재료가 되었고 간혹 임금을 진으로 받는 노동자도 있었다. 1742년 한 해에만 인구가 75만이 겨우 넘는 런던에서 진 판매량이 2649만 7883ℓ 이상으로 치솟으며 '진 광풍'이라는 폭음과 사회 불안의 시대가 닥쳤다. 이런 사회상을 화가 윌리엄 호가스William Hogarth는 〈진의 거리Gin Lane〉에 생생하게 담아냈다. 그러나 19세기 초가 되면서 진은 '어머니의 술'로 알려지기 시작했다. 오늘날 이 술은 다시 얼음, 레몬 조각, 약간의 키니네(→P.148)와 함께 제공되는 세련된 음료로 거듭났다.

Acer campestre (무환자나뭇과)
캄페스트레단풍 FIELD MAPLE

현악기 장인이 사랑하는 나무

코르크와 유사한 독특한 껍질, 연녹색 봄 잎과 꽃, 연노랑의 가을 색을 지닌 캄페스트레단풍은 야생 나무 가운데 단연 아름답다. 그냥 두면 중간 크기로 느리게 성장하는 낙엽수다. 유럽 전역에 널리 분포하지만, 북아프리카 아틀라스산맥과 서남아시아에서도 야생 개체를 발견할 수 있다. 시카모어의 근연종으로 단풍종 가운데 유일하게 영국제도 원산이다. 원산지에서는 대체로 나무라기보다 늘어지거나 왜소한 생울타리의 형태로 발견되는데 '필드 메이플field maple'이라 불리는 이유도 그 때문이다. 목재를 상업적으로 이용하기에는 성장 속도가 아주 느리지만 더딘 성장과 다양한 빛깔의 조그만 잎 덕분에 이 나무는 분재 표본이나 정원수로 이상적이다.

캄페스트레단풍의 목재가 지닌 명성에는 이유가 있다. 17~18세기 안토니오 스트라디바리Antonio Stradivari는 이탈리아의 도시 크레모나에 살면서 역사상 가장 유명한 현악기를 만들었다. 그는 바이올린에 캄페스트레단풍의 톤우드tonewood(특별한 음색을 제공하는 목재)를 이용했다. 그의 악기들은 지금까지도 그 후에 제작된 어떤 바이올린보다 우수하다는 평가를 받고 있다. 외관상 비슷해 보이는 악기들이 대수선을 받아야 하는 크레모나의 골동품에 훨씬 못 미치는 이유는 300년 동안 엄청난 수수께끼였다. 수많은 가설이 스트라디바리의 우수성을 뒷받침하려 했지만, 과학적 원인을 밝히는 데 실패했다. 스트라디바리가 이웃이자 동료 루시어luthier(현악기를 제작하고 수리하는 장인)인 주세페 과르네리Giuseppe Guarneri와 함께 악기를 만들 때 나무를 처리하는 데 쓴 화학 물질이 그 열쇠라는 이론도 있다. 좀 더 그럴듯한 가설은 스트라디바리의 생존 기간과 비슷한, 1640~1750년에 벌목된 캄페스트레단풍이 오늘날보다 훨씬 서늘한 온도에서 성장했다는 주장이다. 이 장인들이 소빙하기Little Ice Age로 불리는 시기에 악기를 제작했다는 뜻이다. 이 시기의 나무들은 더 천천히 성장해 나이테가 좁아졌고 결국 이후에 재배된 캄페스트레단풍에 비해 목질이 조밀해졌다고 한다.

은으로 장식한 작은 단풍나무 그릇을 뜻하는 '메이저mazer'는 웨일스어로 단풍을 뜻하는 단어인 masern에서 그 이름을 따왔다.

다른 명칭
Hedge maple

원산지
동남아시아, 유럽

기후 + 서식지
온대와 아열대 기후에서 습지를 제외
한 다양한 서식지에 분포한다. 종종 생
울타리의 형태로 발견된다.

수명
최대 300년

성장 속도
연간 30~50㎝

최대 높이
25m

캄페스트레단풍의 잎은
시카모어나방을 비롯한 몇몇 나방
유충의 먹이이기도 하다.

다른 명칭
멍키퍼즐, Chile pine, Chilean pine

원산지
아르헨티나, 칠레

기후 + 서식지
온화한 기후의 산간 지대. 배수가 원활
한 산성의 화산성토

수명
최대 1800년

성장 속도
연간 15~60㎝

최대 높이
45m

칠레소나무는 2000만 년 전부터
존재했다. 뾰족하고 단단한
잎이 한때 공룡의 공격을
막았으리라 추정된다.

Araucaria araucana (아라우카리아과)
칠레소나무 MONKEY PUZZLE

먼 과거에서 온 씨앗

칠레소나무는 다른 나무와 구분하기가 비교적 쉽다. 형태가 독특하고 가장자리와 끝이 날카로운 아주 두꺼운 잎을 갖고 있다. 다른 이름인 멍키퍼즐은 19세기 중반 잉글랜드에서 재배되면서 생겨났다. 정치가 윌리엄 몰즈워스William Molesworth가 콘월 영지에서 친구들에게 이 나무를 자랑스럽게 소개하자 그중 한 명이 "원숭이가 저 나무에 오르려면 꽤 난감하겠군"이라고 반응했다.

아라우카리아속은 화석 나무라 할 만큼 원시적인 형태의 구과 식물이다. 최근 호주 시드니 인근에서 발견된 올레미소나무(→P.11)와 관계가 매우 가깝다. 둘의 공동 조상은 호주, 남극, 남아메리카가 곤드와나 대륙이라는 초대륙으로 연결되어 있던 약 3억 2000만 년 이전으로 거슬러 올라간다. *Araucaria araucana*라는 이름은 지금도 칠레와 아르헨티나에 살고 있는 아라우카노 부족에서 유래됐다. 그 부족은 이 나무를 신성시했고 날것으로 또는 볶아서 섭취하는 씨앗은 부족에게 중요한 식량이었다. 말린 씨앗은 가루로 만들어 알코올 발효된 신성한 음료 무데이muday를 만드는 데 쓴다.

18세기 말 조지 밴쿠버George Vancouver 선장은 제임스 쿡의 배를 기리기 위해 HMS 디스커버리호라 이름 붙인 배를 지휘하며 지구를 일주했다. '밴쿠버 원정'으로 불리는 이 항해는 한두 곳을 제외한 아메리카 북서해안 전역을 세상에 알렸다. 이 배에 탄 박물학자는 스코틀랜드의 의사이자 성공한 식물학자인 아치볼드 멘지즈Archibald Menzies다. 그의 이름은 더글러스전나무(→P.172)의 학명으로 기억되고 있다. 그가 항해 도중 칠레의 통치자와 만찬을 나누는 자리에 칠레소나무의 씨앗이 디저트로 나왔다. 그는 그중 일부를 보관했다가 배로 돌아와 화분에 심었다. 1795년 멘지즈는 싱싱한 5포기를 가지고 잉글랜드로 귀환했다.

이 나무에는 얽힌 전설이 꽤 있다. 칠레소나무 밑을 지나가면서 말을 하면 불운이 닥친다고 한다. 묘지 가장자리에 이 나무를 심으면 악마가 장례식에 쳐들어오지 못한다는 말도 있다. 멍키퍼즐나무에 악마가 산다는 전설도 있는데 사탄이 원숭이의 재주를 지녔기 때문인 듯하다.

Pinus contorta subsp. *latifolia* (소나뭇과)
로지폴소나무 LODGEPOLE PINE

천막을 짓는 목재

이 책의 마지막 몇 페이지를 집필하는 사이 캘리포니아에 전례 없는 규모의 산불이 발생해 75만 ha가 넘는 숲이 소실되었다. 무척 충격적인 소식이지만 산불 역시 침엽수림으로 구성된 자연 생태계의 일부다. 불은 삼림에서 오래된 나무를 제거하고 새로운 세대의 나무와 풀이 자랄 수 있도록 새로운 모판을 만든다. 솔방울 중에는 산불이 발생한 후에만 벌어져서 씨를 퍼뜨릴 수 있는 종류가 여럿 있다. 로지폴소나무는 화재를 십분 이용하도록 진화된 나무의 전형적인 예다.

북아메리카 서부의 광대한 지역이 원산인 이 나무는 로키산맥의 해발 100~3500m 아고산대亞高山帶에 분포한다. 같은 지역에 자생하는 여느 경쟁자들과 달리 영양분이 적거나 습기가 많거나 산성이 강한 토양 또는 옐로스톤 국립공원의 지열 지대처럼 열기가 높은 곳 등 열악한 환경에서 성장하도록 진화했다. 이 중 어느 조건도 그 정도가 지나치지 않다면 로지폴은 얇은 껍질과 끈끈한 수액, 빽빽한 숲에서 자라는 능력으로 적합한 환경을 만들어낸다. 번개 한 방으로 옐로스톤의 3000㎢가 넘는 면적이 불길에 휩쓸린 1988년 산불처럼, 로지폴 화재는 파괴적이고 맹렬해 그 열기로 인해 지상의 산 나무와 죽은 나무뿐 아니라 땅속 생태계까지 파괴된다. 로지폴 화재 후에는 로지폴 외에 나무는 잘 자라지 않지만, 일부 야생화와 풀은 이런 환경을 누릴 수 있게끔 진화했다. 열기가 식고 나면 생명이 어찌나 빨리 되살아나는지 놀라울 지경이다.

로지폴이라는 이름은 대평원에서 흔히 볼 수 있는 아메리카 원주민의 원형 천막을 짓는 데 쓰이는 기둥을 뜻한다. 원주민 부족들은 산지에서만 자라는 길고 곧은 목재를 얻기 위해 평원을 가로질러 멀리까지 이동했다. 이 소나무는 매우 이상적인 기둥용 목재를 계속 공급하고 있다. 오늘날에는 울타리, 통나무집, 헛간 같은 구조물에 쓰인다.

다른 명칭
Doghair pine

원산지
미국, 캐나다

기후 + 서식지
온대 기후의 아고산대. 침수 토양~사질
토양

수명
기록에 남아 있는 가장 오래된 개체는
630살이다.

성장 속도
연간 20~90㎝

최대 높이
40m

로지폴소나무의 솔방울 비늘
사이사이는 온도가 45~60℃에
이르러야 깨지는 송진으로
막혀 있다.

다른 명칭
버지니아감, American persimmon,
Eastern persimmon, Simmons,
Sugar-plum

원산지
북아메리카 남동부

기후 + 서식지
아열대와 난온대 기후, 배수가 원활하고
비옥한 토양

수명
최대 150년

성장 속도
연간 10~60㎝

최대 높이
20m

떨떠름한 감에는 왕관 모양의 꼭지가
있는데 이는 꽃받침이 남은 흔적이다.

Diospyros virginiana (감나뭇과)

미국감나무 PERSIMMON

진짜 '우드'

미국감나무는 북쪽으로 코네티컷주에서도 자라지만 미국 남동부가 원산인 낙엽수다. 두꺼운 껍질이 진회색의 네모로 조각조각 갈라지므로 겨울에도 알아보기 쉬운 나무에 속한다. 감나무속은 남부 유럽에서도 잘 자란다. 그곳에서는 근연종인 카키 또는 일본감나무라 하는 *Diospyros kaki*가 고대 그리스인들에게 '신들의 과일'로 알려졌다. *Diospyros*에서 '*dios*'는 신을, '*spyros*'는 곡식이나 식량을 의미한다.

선사 시대 이래로 아메리카 원주민들은 과일과 목재를 얻기 위해 감나무를 재배했다. 주황색의 동그란 열매는 테니스공이나 야구공보다 조금 작고 독특한 감꼭지는 꽃받침(봉우리 상태일 때 꽃을 감싸는 외부 껍질)의 남은 부분이다. 오늘날 이 과일은 파이, 푸딩, 사탕, 시럽, 젤리, 아이스크림의 재료로 쓰인다. 미국 남부 사람들은 방심한 친구에게 덜 익어서 지독하게 떫은 감을 먹이는 장난을 좋아한다. 이 맛은 키니네(→P.148)에 함유된 물질과 유사한 설익은 감 속의 타닌 때문이다. 잘 익은 감은 비타민 C가 풍부하고 익히거나 날것으로 또는 말린 상태로 섭취한다.

감나무 목재를 '흰 흑단'이라고도 한다. 다른 종들과 달리 심재가 좀처럼 검게 변하지 않기 때문이다. 목수들은 감나무의 경도와 예측할 수 없는 무늬를 높이 평가한다. 감나무는 당구 큐, 골프채 헤드, 구두 골로 가장 적합한 목재다. 금속 헤드가 나오기 전에는 골프 코스의 롱 홀에서 티샷을 항상 '우드'라는 채로 쳤다. 스코틀랜드에서는 골프채를 지역에서 생산한 목재로 만들다가 1900년부터 소재를 바꿔 미국에서 히코리(→P.160)와 감나무를 수입하기 시작했다. 히코리는 샤프트, 감나무는 헤드용이었다.

Carya ovata (가래나뭇과)
샤그바크히코리 SHAGBARK HICKORY

히코리처럼 단단한

미국의 7대 대통령 앤드류 잭슨Andrew Jackson(재임 1829~1837)은 '늙은 히코리'라는 별명으로 유명했다. 뱅크오브아메리카BOA를 거부할 준비를 하고 결국 뜻을 이룬 그를 히코리나무의 강인함에 비교한 것이다. 잭슨은 테네시주 허미티지에 있는 집에 세상을 떠나기 한참 전부터 묘지를 설계하고 샤그바크히코리 6그루를 포함한 다양한 나무를 심었다. 그 나무들은 1998년 폭풍에 쓰러질 때까지 그 자리를 지켰다.

샤그바크히코리는 미국 동부와 캐나다 남동부가 원산인 가장 흔한 히코리종이다. 이 거대한 낙엽수의 성숙한 개체는 쉽게 식별할 수 있다. 이름 그대로 나무껍질이 눈에 띄게 복슬복슬하기 때문이다. 반면 어린 개체의 껍질은 놀랍도록 매끈하다. 히코리는 피칸나무(→P.132), 호두나무(→P.36, P.146)와 가까운 친척 관계다. 열매들을 비교해보면 명확한 공통점을 찾을 수 있다.

영양이 풍부한 히코리 견과는 아메리카 원주민의 중요한 식량이었지만 불행히도 이 나무는 상업적 재배에 적합하지 않았다. 나무가 쓸 만한 크기의 열매를 생산하기까지 시간이 오래 걸리고 결실률도 예측할 수 없기 때문이다. 나무는 약 10년이면 종자를 생산하지만 40년이 지나야 대량 수확이 가능하다. 견과를 매년 생산할 수 있는 것도 아니다. 작황이 좋은 해는 기껏해야 3~5년마다 1번씩이다. 그런 해에도 결실 전부를 동물 포식자에게 뺏기기 십상이다. 따라서 피칸이 히코리 열매의 대용품으로 쓰인다. 다만 샤그바크히코리에서 채취한 수액은 메이플 시럽에 비해 조금 쓰고 매캐한 맛이 나기는 해도 비슷한 식용 시럽을 만드는 데 쓰인다.

호두나무처럼 히코리 목재는 단단하고 촘촘하고 묵직하며 충격에 강하다. 육류를 건조하거나 조리할 때 훌륭한 연기를 피우는 것도 히코리다. 히코리는 또 연장 손잡이, 활, 수레바퀴 살, 드럼 스틱으로 쓰인다. 과거에는 골프채 샤프트의 재료였다. 한때 '히코리 스틱'이라 불리기도 했다. 야구 방망이도 히코리로 만들던 때가 있었지만 현재는 훨씬 가벼운 구주물푸레나무(→P.44)를 주로 쓴다. 히코리의 견고함, 단단함, 탄력의 조합은 다른 어떤 나무에서도 찾을 수 없다.

다른 명칭
Hickory

원산지
북아메리카 동부, 캐나다

기후 + 서식지
아북극亞北極과 온대 기후 지역. 비옥
하고 배수가 양호한 토양

수명
최대 350년

성장 속도
연간 30~45㎝

최대 높이
35m

샤그바크히코리의 잎은 가을에
황갈색으로 변한다.

마호가니는 깃 모양 잎의 크기 때문에
큰잎마호가니라고도 한다.

다른 명칭
Big-leaf mahogany,
Genuine mahogany,
West Indian mahogany

원산지
멕시코, 서인도, 중앙아메리카와 남아
메리카

기후 + 서식지
다우림. 대체로 경쟁 수목들보다 훨씬
높이 자란다. 깊고 배수가 양호하며 촉
촉하거나 메마른 사양토.

수명
최대 350년

성장 속도
연간 50~200㎝

최대 높이
60m

Swietenia macrophylla (멀구슬나뭇과)

마호가니 MAHOGANY

훌륭한 가구

마호가니라는 이름을 들으면 무엇보다 우아한 의자, 아름다운 테이블, 정교한 서랍장 등 최고급 가구의 이미지가 연상될 것이다. 마호가니는 여러모로 천금의 가치를 지닌 목재다. 스페인은 신세계에서 이 나무를 한동안 독점했지만 18세기 초에 프랑스와 잉글랜드도 슬쩍 끼어들어 한몫을 차지하려 했다. 1721년 카리브해에서 잉글랜드로 들여간 목재가 영국의 무역에서 매우 큰 비중을 차지하면서 해군비축법Naval Stores Act에 따라 수입 관세가 폐지되었다. 18세기 중반에는 매년 500톤의 목재가 수입되었고 30년 후에는 그 양이 3만 톤으로 치솟았다. 이 법은 북아메리카의 13개 식민지가 마호가니 수출량을 늘리는 효과를 낳기도 했다.

목공용 등급으로 지정되었던 마호가니 목재는 머잖아 가구 제작용으로도 쓰이게 되었다. 워낙 거대한 사업이었기에 천연림은 무자비하게 파괴되었다. 오늘날 이 나무는 대농장에서 재배하는 비율이 높다.

진짜 마호가니로 인정받는 나무는 스위테니아속Swietenia에서 3종뿐이다. 다른 3가지 속Genus에 속하는 나무들도 유사한 목재를 생산하지만 '진짜'라고 불리지 않는다. 진정한 마호가니는 멕시코 최남단에서 남쪽으로 중앙아메리카를 거쳐 열대 남아메리카까지 이르는 지역이 원산이다. 열대우림의 경쟁과 동떨어진 곳에서 재배하면 이 나무는 여러모로 물푸레나무와 비슷한 모습으로 자란다. 비율도 유사하다. 우상복엽羽狀複葉, 넓게 퍼진 둥근 수관 등이 물푸레나무를 꽤 닮았다. 다만 거칠거칠한 몸통은 뚜렷이 구분되는데 색이 훨씬 짙으며 폭이 넓고 종종 뒤틀려 있다. 뿌리는 우뚝한 몸통을 지지하는 받침대 구조를 형성한다.

마호가니 목재는 결이 곧고 옹이나 구멍이 없다. 내구성과 부식에 대한 저항성은 고급 목공품에 특히 소중한 미덕이다. 이런 특성에 연마하면 진한 붉은 광택을 내는 아름다운 적갈색이 더해져 *Swietenia macrophylla*는 가구 전시장에서 가장 돋보이는 마호가니가 되었다.

Araucaria heterophylla (아라우카리아과)
아라우카리아 Norfolk Island Pine

제임스 쿡 선장의 보물

앞으로 지중해에서 휴가를 보낼 기회가 있다면 아라우카리아를 한 번 찾아보자. 아마도 사이프러스(→P.70)와 함께 스카이라인을 이루는 키 큰 나무 무리에 섞여 있을 것이다. '노퍽섬의 소나무Norfolk Island Pine'라는 이름에서 알 수 있듯이 이 오래된 침엽수는 뉴질랜드 북부의 작은 섬인 노퍽섬이 원산이다. 폴리네시아인들은 수천 년 전부터 그 존재를 알았지만, 이 나무는 제임스 쿡James Cook 선장이 1774년에 HMS 레졸루션 Resolution을 타고 떠난 2번째 남태평양 항해에서 발견했다고 인정받고 있다. 쿡은 섬에서 어느 정도 떨어진 위치에서 이 나무를 목격하고 키가 크고 곧아서 훌륭한 돛대가 되겠다고 여겼다. 불행히도 그 목재는 탄력이 떨어져 기대를 충족하지 못했다.

아라우카리아는 진짜 소나무가 아니라 고대 구과 식물(열매의 형태가 여러 겹으로 포개어져 둥글거나 원뿔형인 구과毬果에 속하는 식물-옮긴이)에 속한다. 칠레소나무(→P.154), 버냐소나무(→P.188), 호주 시드니에서 150㎞ 떨어진 협곡에서 발견된 올레미소나무(→P.11) 등도 여기에 포함된다. 쥐라기와 백악기에 널리 번성했던 이 화석 나무들이 지금은 남반구에서 고립된 개체군으로 분포한다.

아라우카리아의 독특한 외양 덕분에 세계의 따뜻한 지역에서는 이 나무가 가장 흔한 관상용 구과 식물이 되었다. 이 나무는 대칭 삼각형 형태이며 살짝 휘어진 각각의 가지에는 갈비뼈처럼 퍼진 잎이 붙어 있다. 이 나무는 가로수로 또는 단독으로 식재되고 있다. 많은 나라에서 실내용 화초나 크리스마스트리로 재배하기도 한다. 종자부터 키우는 게 가장 쉽고 잘 자란다. 간혹 측지에서 돋은 가지는 계속 수평으로 자라며 곧게 선 줄기를 만들지 않는다. 단기간의 결빙은 견딜 수 있지만, 이 나무가 잘 자라려면 꼭 서리가 내리지 않는 기후여야 한다.

다른 명칭
Polynesian pine, Star pine

원산지
남태평양 노퍽섬

기후 + 서식지
온화한 기후에 잘 적응하지만, 염분에
강하므로 해양성 기후를 가장 좋아한
다. 배수가 양호한 사질토를 선호한다.

수명
최소 170년

성장 속도
연간 30~60㎝

최대 높이
65m

아라우카리아는 공기 중에 떠다니는
페인트, 세제, 접착제 등의 유해
성분을 정화한다고 한다.

익히지 않은 씨앗은 인간과 가축에게
독성이 있다. 불에 익히면 커피
비슷한 음료를 만들 수 있다.

다른 명칭
Chicot

원산지
미국, 캐나다

기후 + 서식지
여름에 기온이 매우 높은 지역. 비옥하
고 촉촉하거나 완전히 젖은 토양을 선
호하지만 대체로 적응력이 강하다.

수명
최대 150년

성장 속도
연간 30~60㎝

최대 높이
30m

Gymnocladus dioica (콩과)

켄터키커피나무 KENTUCKY COFFEETREE

매머드의 콩

대서양 연안의 여러 주에서 켄터키주로 처음 이주한 백인 정착민들은 아메리카 원주민 메스카와키Meskwaki족의 소개로 오늘날의 켄터키커피나무를 만나게 되었다. 메스카와키족은 18세기 중반엔 프랑스인과, 독립 전쟁 이후엔 미국인 양쪽에게 시달렸으면서도 이 나무의 씨앗을 볶고 분쇄해 커피의 대용품을 만드는 방법을 전해주었다. 켄터키커피나무의 역사는 대단히 흥미롭다. 메스카와키가 등장하기 한참 전인 선사시대에 이 나무는 매머드와 마스토돈Mastodon(코끼리 비슷하게 생긴 신생대 3기의 대형 포유류-옮긴이)에 의지해 성장했다. 500만 년 전에는 그 시대를 지배하던 거대 초식 동물에게 꼬투리를 먹잇감으로 제공한 덕분에 이 나무는 진화하고 확산할 수 있었다. 엄청나게 딱딱한 검정 씨앗은 껍질을 까지 않은 브라질 너트와 비슷한 크기다. 산에 한참 담가 종피種皮를 녹이지 않으면 싹을 틔우지 못한다. 뱃속에 넣어 이런 과정을 돕던 동물은 사라진 지 오래지만, 이 나무는 땅속에 묻히면 표피를 충분히 썩힐 수 있는 습지에서 살아남았다. 씨앗부터 번식시키려는 정원사와 육종가들은 환경 문제가 초래되는, 농축된 황산에 몇 시간 동안 담가두거나 종피를 하나하나 긁어내는 노동집약적인 작업 가운데 하나를 선택해야 한다.

이제 관상용으로서의 가치를 인정받고 있는 켄터키커피나무는 봄에 가장 늦게 휴면에서 깨어나고 가을에 가장 먼저 잎을 떨어뜨리는 특이한 나무다. 'Gymnocladus'라는 속명은 '벌거벗은 가지'라는 뜻의 그리스어. 다른 나무들이 대부분 옷을 입었을 시기에도 여전히 잎이 없는 튼튼하고 뭉툭한 가지와 관계있다. 이회깃모양겹잎(양치식물처럼 겹잎으로 달린 작은 잎 조각들이 다시 갈라진 형태)의 짙은 청록색 잎이 돋아나면 우아하고 아름답다. 짧은 기간 잎을 유지하는 켄터키커피나무는 꼭 필요한 시기에 도시의 그늘을 만들고 겨울에는 햇볕이 내리쬘 공간을 충분히 마련하는 이상적인 나무다.

Quillaja saponaria (키라야과)
키라야사포닌 Soap Bark Tree

천연 세정제

늘푸른나무인 키라야사포닌은 칠레와 페루 안데스산맥의 따뜻한 온대 기후 지역이 원산이다. 이 지역의 키라야사포닌은 해발고도 2000m에서도 잘 자란다. 처음에는 장미과로 분류되었지만, 지금은 키라야과로 변경되었다. 이 과에 속하는 다른 식물은 이웃 나라 브라질 원산인 *Quillaja brasiliensis*밖에 없다.

키라야사포닌이 이런 이름을 갖게 된 이유는 껍질 안쪽에서 거품을 내는, 비누 비슷한 식물성 화학 물질인 사포닌을 생산하기 때문이다. 환경에 대한 우려와 사포닌의 독특한 성질 덕에 갈수록 이 나무를 화장품에 많이 쓰고 있다. 이 나무의 사포닌은 합성 계면 활성제를 제대로 대체하는 천연 거품제로 쓰일 수 있다. 키라야사포닌의 원산지에서는 나무껍질에서 추출한 사포닌을 알코올, 베르가못 오렌지 진액과 섞어 세탁 세제나 샴푸로 이용한다. 안데스의 주민들은 키라야사포닌의 껍질을 기침을 완화하는 거담제로도 쓰니 이 나무는 약국과 미용실에서 모두 유용한 셈이다.

성장이 느린 키라야사포닌은 날씬하고 곧게 자라며 작고 반질반질한 회녹색 잎은 잎자루가 짧다. 이 나무는 수분을 도와줄 곤충을 유혹하는 조그만 크림색 꽃을 풍성하게 피워 가을과 겨울에 작은 갈색 열매를 맺는다. 열매가 터지면서 10~20개의 작은 유시종有翅種, Winged seed을 방출한다. 나무의 두꺼운 바깥껍질은 색이 짙고 매우 질기다. 키라야사포닌은 수수한 매력과 강한 생존 능력을 지녔다. 건조지 토양에 숲을 되살릴 때 종종 이용되며 가뭄 피해를 입은 지역에도 폭넓게 식재한다. 오염에 강해 이 나무는 캘리포니아, 특히 샌프란시스코에 적극 도입되었다. 상록의 잎, 꼿꼿한 몸통, 우아하게 휘어진 가지로 도시의 경관에 크게 이바지하고 있다.

다른 명칭
Killaya, Quillaia

원산지
칠레, 페루

기후 + 서식지
난온대나 지중해성 기후에서 잘 자라
며 서리를 어느 정도 견디지만, 장기간
습윤한 상태에는 약하다. 배수가 원활
한 중성·산성 토양.

수명
알 수 없다. 성장이 매우 느린 종으로 장
수할 가능성이 높지만, 기록이 없다.

성장 속도
연간 15~30㎝

최대 높이
20m

키라야사포닌은 늦봄에 별 모양의
예쁜 흰 꽃을 피워 여름까지
유지한다.

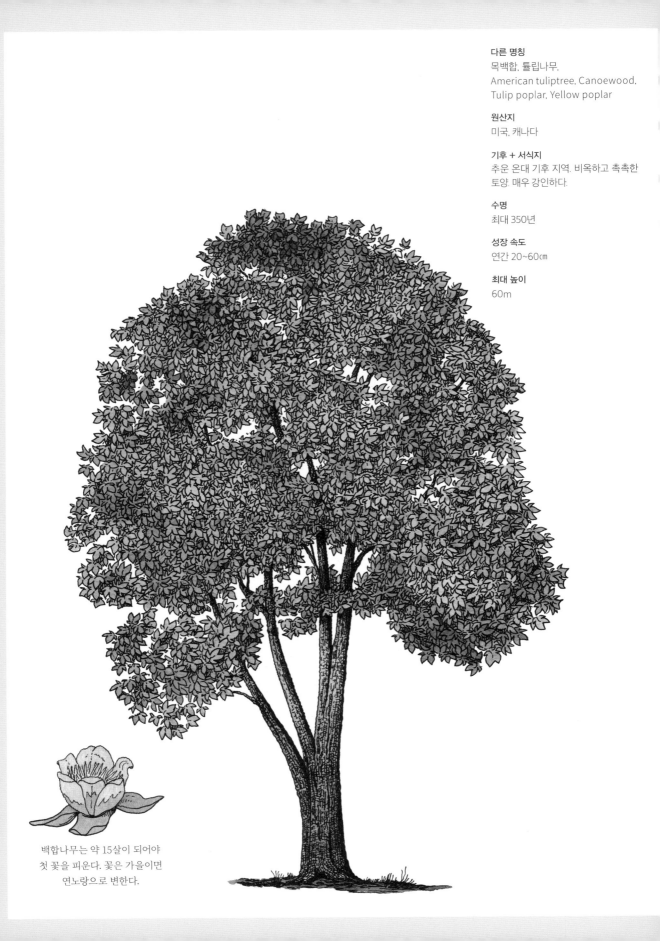

다른 명칭
목백합, 튤립나무,
American tuliptree, Canoewood,
Tulip poplar, Yellow poplar

원산지
미국, 캐나다

기후 + 서식지
추운 온대 기후 지역. 비옥하고 촉촉한
토양. 매우 강인하다.

수명
최대 350년

성장 속도
연간 20~60㎝

최대 높이
60m

백합나무는 약 15살이 되어야
첫 꽃을 피운다. 꽃은 가을이면
연노랑으로 변한다.

Liriodendron tulipifera (목련과)
백합나무 Tulip Tree

아메리카의 카누나무

백합나무는 오랫동안 전 세계의 공원, 정원, 수목원에 '관상수'로 식재되었다. 목재가 진짜 포플러와 유사해서 '튤립포플러tulip poplar'라고도 한다. 목련과 밀접하게 관계있는 이 나무는 아주 긴 세월을 세상에 존재했다. 아메리카에서는 5000만 년을 살았고 지역에 따라 약 1억 년을 살아온 곳도 있다. 놀랍게도 살아남은 종은 하나에 그치지 않는다. 백합나무는 미국 동부에서 잘 자라는 반면 매우 유사한 종인 중국백합나무 *Liriodendron chinense*는 중국에서 잘 자란다. 이 두 종은 세계가 한때 연결되어 있었음을 보여주는 증거다.

북아메리카에서 백합나무는 활엽수 가운데 가장 키가 클뿐더러 모든 나무를 통틀어도 세쿼이아 같은 구과 식물에 이어 2번째로 크다. 아메리카 대륙에서 가장 빨리 자라는 활엽수로 가공이 쉬운 연한 목재를 생산하는데 성장이 빠른 나무치고는 이례적으로 내구성이 강하지만 무게는 가볍다. 목재에는 평행하는 분홍빛 홈이 나 있고 색은 누르스름한 녹색이다. 다양한 쓰임새 덕에 서로 다른 시기에 다른 사람들이 이 나무에 수많은 이름을 붙였다. 동부 아메리카 원주민들은 이 나무의 속을 파내 카누를 만들었기에 '카누나무'라 불렀다.

누가 한 입씩 베어 먹은 듯한 잎 모양을 보면 백합나무라는 것을 금방 식별할 수 있다. 백합나무라는 이름을 선사한, 주황이 살짝 들어간 황록색 꽃은 늦봄에 핀다. 하지만 나무가 꽃망울을 맺기까지는 시간이 걸린다. 10대 중반은 되어야 첫 꽃망울을 터뜨리고 그 후로도 꽃의 아름다움을 숨기려는 듯 드문드문 피운다. 꽃이 진 후에는 원뿔 모양의 열매가 맺힌다.

미국의 1대 대통령 조지 워싱턴은 나무를 사랑해 정원을 가꾸는 데 열정을 쏟았다. 버지니아 버논산에 있는 사유지는 개인 수목원으로 조성했을 정도다. 당시에 심었던 나무 가운데 딱 4그루만 지금까지 살아남았다. 그중 둘은 독립 전쟁과 그 여파를 거친 워싱턴이 사랑하는 집으로 돌아온 이듬해인 1785년에 심은 백합나무다. 생존한 나무 중 가장 큰 것은 키가 43m에 이른다.

Pseudotsuga menziesii (소나뭇과)
더글러스전나무 DOUGLAS FIR

크리스마스 나무

전나무가 아닌 더글러스전나무는 구과 식물 중에서도 일반적인 나무 중에서도 덩치가 무척 크다. 1895년 밴쿠버섬에서 벌목된 길이 127m의 더글러스전나무가 한동안 세계에서 가장 거대한 나무라는 기록을 유지했다. 현재 그 나무는 세쿼이아*Sequoia sempervirens*와 마운틴애시*Eucalyptus regnans*에 이어 3위로 밀려났다. 북아메리카 원산인 더글러스전나무는 1827년 스코틀랜드 박물학자 데이비드 더글러스David Douglas가 영국에 소개했다. 더글러스가 그 종자를 유럽으로 보낸 후로 이 나무는 재목감으로 널리 재배되었다. 보통명은 이 스코틀랜드인의 이름에서 땄지만, 이 나무의 학명에는 다른 사람의 이름이 붙었다. 의사이며 식물 채집가이자 동식물 연구가로 칠레소나무(→P.154)를 발견해 소개했으며 더글러스의 최대 경쟁자였던 아치볼드 멘지즈다.

지금은 세계 전역에서 재배하는 이 웅장한 나무는 건설업에서 가장 중요한 재배종이며 배를 만드는 데도 유용하게 쓰인다. 쭉쭉 뻗은 몸통은 돛대에 특히 적합하다. 목재는 옹이가 거의 없고 단단하면서도 유연하다. 이 나무는 1000년 이상을 살기에 썩은 몸통에 구멍이 생기면 대머리수리, 새매, 붉은솔개 등의 육식 조류가 둥지를 틀곤 한다. 나방 한 종류가 잎을 먹고 살고 핀치와 작은 포유 동물들은 씨앗을 먹는다. 스코틀랜드에서 더글러스전나무는 소나무담비와 유럽다람쥐의 집이다. 둘 다 발톱이 길고 뾰족해 나무를 쉽게 타고 올라가 구멍 속에 살 수 있다. 아메리카 원주민의 전설에 따르면, 쥐들은 산불을 피하려고 더글러스전나무 솔방울 속에 숨는다고 한다.

미국에서는 최근 90년 사이 더글러스전나무가 크리스마스트리로 가장 인기 있는 종이 되었다. 원래는 자연의 나무를 베어다 썼지만, 특정 시즌에 몰리는 수요를 감당하기 위해 1980년대에는 다행히도 대량 재배를 시작했다. 농장에서는 7~10년 주기로 나무를 수확한다.

다른 명칭
개솔송나무, Oregon-pine

원산지
브리티시컬럼비아~캘리포니아에 이르
는 북아메리카 태평양 연안

기후 + 서식지
해양 기후가 가장 적합하지만 다양한
성장 조건에 적응할 수 있다. 습기가 많
은 중성~산성 토양을 선호한다.

수명
일반적으로 최대 650년. 나이테로 계
산한 가장 오래 산 기록은 1200년이다.

성장 속도
연간 20~60㎝

최대 높이
100m

더글러스전나무는 '진짜'
전나무가 아니다. 진짜 전나무의
솔방울은 가지에 꼿꼿이 서 있지만
더글러스전나무의 솔방울은
아래쪽으로 매달려 있다.

시트카가문비의 꽃가루는 바람을
타고 수솔방울에서 암솔방울로
이동한다. 3년 후 암솔방울은
씨앗을 방출한다.

다른 명칭
Giant spruce

원산지
미국 태평양 연안 북서부, 캐나다 서부
해안

기후 + 서식지
서늘하고 습윤한 해양성 기후. 냉대 기
후 지역의 아주 축축한 토양

수명
500~700년

성장 속도
연간 10~60㎝

최대 높이
100m

Picea sitchensis (소나뭇과)

시트카가문비 Sitka Spruce

비행기에 안성맞춤

몇백 년 사이 선박과 보트 건조, 철도 건설에 엄청난 양의 목재가 필요했지만 20세기 초에는 새로운 교통수단인 비행기 제작을 위한 목재의 수요가 생겼다. '거대 가문비' 라고도 하는 시트카가문비는 라이트 형제가 최초로 관제 비행에 성공한 1903년에 공기보다 무거운 비행기의 소재로 쓰인 나무였다. 40년 뒤인 2차 세계대전 중에는 '나무의 기적'이라는 별명을 지닌 최대 속도 378mph의 모스키토 경폭격기de Havilland DH.98 Mosquito에 주로 시트카가문비 뼈대를 이용했다. 이 거대한 나무는 크고 곧게 자라는 능력이 미덕이며 목재에는 옹이가 거의 없다. 매우 튼튼한 동시에 유연하다는 특성 때문에 범선의 돛대에 매우 적합했고 비행기에도 자연스럽게 선택되었다.

더글러스전나무(→P.172)처럼 시트카가문비의 원산지는 북쪽의 알래스카부터 남부 캘리포니아 해안에 이르는 북아메리카 서부 해안이다. 수 세기에 걸친 집중적인 벌목으로 이 지역의 가문비 자생지는 사라진 지 오래다. 그러나 이 종은 노르웨이에서 삼림 관리를 위해 널리 식재되었다. 껍질에는 자줏빛과 잿빛이 섞여 있고 나이를 먹을수록 두꺼운 갑옷이 형성된다. 바늘을 닮은 잎은 유난히 뾰족하다. 수꽃은 보드랍고 노란색이며 암꽃은 빨간색이지만 나무 꼭대기에서 자라 좀처럼 눈에 띄지 않는다.

세상에서 3번째로 키가 큰 구과 식물인 시트카가문비의 발견자 역시 데이비드 더글러스다. '시트카가문비'라는 이름은 이 나무가 지금도 살고 있는 배러노프섬의 시트카라는 남부 알래스카 공동체에서 따왔다. 이 나무는 오래 살고 빨리 자라면서 매년 1m³까지 목재를 생산할 수 있다. 1831년에 영국에 도입된 이 나무는 여전히 일반적인 조림 사업에서 가장 인기 있는 수종이다. 목재는 주로 선박 제조, 화물 운반대, 포장 상자, 고품질 종이를 만드는 펄프에 쓰인다.

Musa acuminata (파초과)

바나나 BANANA

자메이카의 별미

파초속*Musa*에는 가장 일찍부터 재배한 식물인 바나나 또는 플랜틴이 속해 있다. 많은 사람이 바나나 재배 시기를 BC 8000~5000년으로 추정한다. *Musa acuminata*는 오늘날의 바나나에 대부분 유전자를 전수한 종이다. 유전자 지문에 따르면, 바나나는 말레이시아, 인도네시아, 뉴기니, 필리핀, 브루나이를 아우르는 생물지리학적인 말레시아에서 탄생한 *Musa acuminata*와 중국 남부 원산으로 단단하고 가뭄을 잘 견디는 *Musa balbisiana*의 교잡종이다. *Musa*라는 이름은 로마 황제 아우구스투스의 주치의 안토니우스 무사를 기리기 위한 것으로 보인다. 그는 BC 63~14년 외국에서 이 과일을 들여와 재배를 시작했다고 한다.

바나나는 선사 시대에 쌀보다 먼저 재배되었다. 15세기에 유럽으로 바나나를 처음 들여간 사람들은 포르투갈 선원들이었다. 카나리아제도에서 재배된 바나나는 서인도제도로 전파되었고 16세기에 스페인의 유력한 선교사이자 파나마 주교였던 프라이 토마스 데 벨랑가Fray Tomás de Berlanga와 함께 남미에 도착했다. 오늘날의 달콤한 바나나는 1836년에 자메이카의 한 플랜틴 농장에서 달고 노란 과일이 열리는 돌연변이를 발견한 장 프랑수아 푸조Jean François Poujot에 의해 알려졌다. 그때까지 바나나는 채소처럼 익혀 먹는 음식이었다. 달콤한 바나나는 카리브 지역에서 북미로 퍼져나갔다. 처음에는 포크와 나이프를 써서 우아하게 즐기는 별미 대접을 받았지만, 오늘날은 누구나 껍질을 벗겨서 먹으면 금방 에너지를 보충할 수 있는 간편한 식품이 되었다. 정상급 테니스 선수들은 세트 중간중간에 바나나를 섭취한다.

바나나는 나무가 아니다. '몸통'이 튼튼한 이유는 단단히 말린 잎이 헛줄기를 형성하기 때문이다. 바나나는 땅 밑의 거대한 알줄기에서 자라나는, 지구에서 가장 큰 상록의 다년생 식물이다. 1954년 파푸아뉴기니의 고산 지대에서 발견된 거대 바나나 *Musa ingens*는 키 15m, 줄기 둘레 2m까지 자라고 큼직한 잎은 길이가 5m에 이른다. 반면 일본 바나나 *Musa basjoo*는 영국 같은 온대 지역의 실외에서도 자랄 만큼 작고 단단하다.

다른 명칭
Plantain

원산지
동남아시아

기후 + 서식지
습한 열대 기후, 비옥한 토양

수명
열매를 맺기까지 10~15개월이 걸리고
밑동에서 새로 싹이 돋아나 기존 줄기
를 대체한다.

성장 속도
연간 2~3m

최고 높이
6m

바나나는 식물학상 초본 현화식물의
커다란 장과다. 사실상 거대한
풀이다.

다른 명칭
Silver willow

원산지
아시아, 유럽

기후 + 서식지
저지대의 수분을 좋아한다. 강기슭과
호수 주변에서 볼 수 있다. 축축한 산성
토양에서 자란다.

수명
50~70년

성장 속도
연간 60~180㎝

최대 높이
30m

큰눈매나방을 비롯한 몇몇 나방의
애벌레는 흰버들 잎을 먹고 산다.

Salix alba (버드나뭇과)
흰버들 WHITE WILLOW

크리켓 방망이

잔잔한 산들바람에도 흰 뒷면을 드러내는 은빛 잎에서 이름을 얻게 된 흰버들은 영국과 유럽 대륙, 서아시아를 잇는 지역에 자생한다. 빨리 자라면서도 오래 사는 나무다. 탁 트인 풍경 속에서 가장 아름다운 자태를 자랑한다. 바구니를 짜는 데 쓰이는 튼튼하고 유연한 가지를 얻기 위해 가지치기를 하면 새빨간 새순이 드러난다.

오래전에 이 종의 몇 가지 품종이 발견되어 이름을 얻었고 관상용으로 다양한 품종을 개발하기도 했다. 가장 흔히 재배하는 품종은 노랑버들*Salix alba* var. *vitellina*이지만, 가장 잘 알려진 것은 *Salix alba* var. *caerulea*다. 이는 전설적인 크리켓 선수 윌리엄 그레이스William Gilbert Grace가 등장하기 직전인 19세기 초에 노퍽에서 발견된 버들로 크리켓 방망이의 재료로 쓰였다. 한때 우유 짜는 여인들의 멍에와 서섹스 바구니(가벼운 나무 바구니)를 만드는 데 쓰인 이 종은 이제 그 탄력 있는 목재를 얻을 목적으로 재배하고 있다. 현재 모든 크리켓 방망이는 이 나무로 만든다. 흰버들은 여전히 영국에서 재배하지만 대부분 방망이는 파키스탄에서 제조한다.

살리신산이라는 물질은 1828년에 버드나무 껍질에서 처음 추출되었다. 1853년 프랑스 화학자 샤를 게라트Charles Frédéric Gerhardt는 살리신산에서 아세틸살리실산ASA을 생산하는 데 성공했고 나중에 이 물질에 '아스피린'이라는 상표가 붙었다. 현재 아스피린은 세상에서 가장 널리 생산하고 흔히 처방되는 약품이다.

흰버들은 영국에서 오랜 세월 유용하게 쓰였다. 목재는 선반旋盤, 물방아 기계, 포도주 저장용 통, 비막이 판자 등의 용도로 활용되었다. 지붕에 쓰이는 양질의 서까래가 되기도 했다. 단단한 새순은 연장 손잡이를 만드는 데 이용되었다. 깊은 균열이 있는 짙은 색 껍질은 가죽 무두질에 로부르참나무 못지않게 널리 쓰인다. 또 이 나무의 목탄은 참나무와 더불어 화약 제조에 가장 적합해 지금까지 대영제국의 역사에 큰 공헌을 했다. 영국의 전설적인 크리켓 타자 렌 허튼Len Hutton이 1938년 8월에 경기장에서 해낸 것처럼, 기도 포크스Guido Fawkes도 1605년 11월의 화약음모사건에 성공했다면 흰버들을 찬양할 이유가 더 많아졌을 것이다.

Ficus macrophylla (뽕나뭇과)

호주반얀 MORETON BAY FIG

원주민의 고기잡이 도구

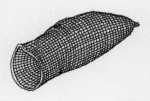

무화과류는 뽕나뭇과의 목본 식물을 폭넓게 아우르는 속의 일원이다. 뽕나뭇과는
전 세계에 약 850종이 존재하지만 대부분 열대 지역에 분포한다. 이 과에는 빵나무
breadfruit(뉴기니, 필리핀 등의 열대 지역 원산의 나무인데, 구워 먹으면 빵 맛이 난다는 커다란
과일이 열린다 - 옮긴이)와 잭프루트도 포함된다. 호주 원산인 호주반얀은 반얀이라는 무
화과 집단에 속한다. 이 집단에는 벵골보리수(→P.86)와 관상용 실내 식물로 가장 익숙
한 인도고무나무*Ficus elastica*가 있다. 대체로 이 부류의 나무들은 착생 식물(숙주에 붙
어서 자라는 식물)로 생을 시작한다. 특히 벵골보리수와 호주반얀은 '목 조르는 무화과
나무'라는 별명을 갖고 있다. 이 특이한 종들은 다른 나무의 수관에서 탄생해 땅에 닿
을 때까지 뿌리를 성장시키며 그 과정에서 숙주를 옥죄어 죽인다.

'모턴베이 무화과Moreton Bay fig'라는 이름은 나무의 고향인 호주 퀸즐랜드주 모턴베
이에서 따왔다. 학명 *Ficus macrophylla*를 보면 그 모습을 짐작할 수 있다. 상록의 잎
*phylla*은 커다랗고*macro* 반질반질하며 고무나무답게 뻣뻣하다. 우람한 몸통은 어느 나
무보다 독특하며 아래로 자라는 뿌리로 특별한 지지대를 형성해 나무가 흙 속으로
녹아드는 듯한 인상을 준다. 지면에 다다르면서 뿌리는 두꺼워져 위쪽의 빽빽한 엽층
부를 효과적으로 떠받친다. 나무 1그루가 토지 1ha 전체를 차지할 만큼 자랄 수 있으
므로 교외 주택의 정원에 심기에는 너무 큰 데다 보도와 건물의 토대를 부술 위험도
있다. 호주 원주민은 예부터 이 나무의 섬유를 이용해 어망, 가방, 옷감을 만들었다.
현재 이 나무는 호주에서 동종요법 연구의 대상이기도 하다.

아열대 다우림에서 서식하지만 호주반얀은 다양한 토양에 적응할 수 있고 습기를 좋
아한다. 이 나무는 따뜻하고 건조하고 서리가 없는 곳이나 지중해성 기후에서 잘 자
란다. 브리즈번, 멜버른, 시드니의 식물원에 이 나무의 표본이 식재되었으며 시칠리아
팔레르모의 마리나 광장에도 눈길을 끄는 개체가 있다. 150년 이상 된 이 나무는 유
럽에서 가장 크다고 알려졌지만, 몸통이 엉켜 있어 둘레는 측정이 불가능하다.

다른 명칭
Australian banyan, Strangler fig

원산지
호주 동부

기후 + 서식지
아열대, 난온대 기후와 건조한 다우림
의 다양한 토양에서 발견되는 적응력
이 뛰어난 나무. 지중해성 기후에서 관
상용으로 재배한다.

수명
최대 270년

성장 속도
연간 60~90㎝

최대 높이
60m

호주반얀의 열매는 작고 달콤하며
질감은 퍽퍽하고 거칠거칠하다.

다른 명칭
Queensland nut

원산지
호주 뉴사우스웨일스주, 퀸즐랜드주

기후 + 서식지
강우량이 많고 습도가 높고 서리가 없
는 기후, 촉촉하고 비옥한 토양

수명
50~120년

성장 속도
연간 30~60㎝

최대 높이
20m

마카다미아의 초록색 껍질 속에는
호두나무 열매처럼 견과가
하나씩 들어 있다.

마카다미아나무 MACADAMIA

꿀벌에게 사랑받는 나무

마카다미아나무가 속한 과명 *Protea*는 칼 폰 린네가 다양한 모습으로 변신할 수 있는 그리스의 신 프로테우스에서 빌려온 이름이다. 이 나무는 호주 원산이며 퀸즐랜드주에서 상업적 가치가 가장 큰 2대 작물 가운데 하나다. 그래서 마카다미아를 '퀸즐랜드 너트'라고도 부른다. 19세기 호주에서 마카다미아는 정착민들이 상업적 재배를 시작한 첫 토종 작물이었다.

작지만 아름다운 이 나무는 여름이면 물결 모양 가장자리에 톱니가 나 있는 기다란 혁질革質 잎사귀가 빽빽하게 우거지고, 봄에는 분홍색 꽃이 가지에서 수술처럼 늘어진다. 꽃은 꿀벌에게 인기가 많아서 견과를 생산하는 농민들은 양봉업자들과 협력해 쌍방의 수확량을 극대화한다. 나무를 심고 결실을 얻기까지 6~7년이 걸리지만 기다릴 가치가 충분하다. 견과 알맹이는 맛이 풍부하고 부드러워 높이 평가받는다. 마카다미아 열매는 껍질이 녹색이며 호두나무 열매를 닮았다. 호두처럼 마카다미아를 쪼개면 껍질이 단단한 식용 견과 1개가 나온다. 마카다미아 알맹이는 콜레스테롤을 낮추는 단일불포화지방산을 올리브 다음으로 풍부하게 함유하고 있어 수요가 많다.

이 나무의 원산지와 최대 생산국은 호주지만 다른 지역에서도 대규모로 상업적 재배를 하고 있다. *Macadamia tetraphylla*종은 이제 미국 캘리포니아주와 플로리다주, 멕시코, 남아프리카, 케냐 등지에서 중요한 작물이 되었다. 상업용 견과는 거의 *Macadamia integrifolia* 또는 그 교잡종인데 이 종에 당분이 적어 볶을 때 덜 타기 때문이다. 단맛이 좀 더 강한 *Macadamia tetraphylla* 견과는 날것으로 먹으면 더 맛있다. 전 세계에서 상업적으로 널리 재배하는 종이지만 얄궂게도 원산지에서는 농지 확보와 도시 개발을 위한 다우림 파괴로 서식지가 감소해 심각한 멸종 위기에 처했다.

참오동 Empress Tree

딸을 위해 심는 나무

꽃이 만개한 참오동나무는 참 아름답다. 디기탈리스foxglove(유럽 원산의 종 모양 자주색 꽃을 피우는 꿀풀목 현삼과의 다년생 초본-옮긴이)를 닮은 남보랏빛 꽃은 잎이 돋기 전인 늦봄과 초여름에 가지를 장식한다. 멀리서 보면 자카란다(→P.192) 꽃처럼 보이지만 참오동의 다른 명칭인 '폭스글러브나무foxglove tree'가 참오동의 곧추선 꽃차례를 연상시키므로 두 나무의 차이를 짐작할 수 있다. 커다랗고 보송보송한 하트 모양의 잎은 어린나무에서 특히 눈에 띄며 지름 60㎝까지 자란다.

일본 식물의 대부로 여러 일본 자생 식물에 이름을 붙인 독일인 필리프 지볼트Philipp Franz von Siebold는 처음에 *Paulownia*를 *Pavlovnia*라 불렀다. 참오동에 러시아 로마노프 왕조의 황제 파벨 1세의 딸인 안나 파블로바Anna Pavlovna(1795년 출생)의 이름을 붙인 것이다. 그녀는 오라녜 공 빌럼 2세와 결혼해 네덜란드의 왕비가 되었다.

이 나무는 성장이 무척 빨라 공해와 토양 오염이 심각한 텍사스주에서 정화 식물로 활용한다. 다른 나무보다 이산화탄소를 10배나 더 흡수하고 엄청난 양의 산소를 배출할 수 있다. 유독한 토양에서도 잘 자라며 성장하면서 땅을 정화한다. 묘목을 심으면 겨우 8년 만에 40살 먹은 참나무만큼 크게 성장하고 단 1년간 최대 5m를 자란다.

참오동을 기리桐 또는 공주나무라 부르는 일본에서는 오래전부터 재배했다. 일본에서 참오동은 상징적 가치와 우수한 재목감으로서의 가치를 동시에 지닌다. 목재는 일본에서 여성과 밀접하게 관계있다. 과거에는 여자아이가 태어나면 오동나무를 심는 관습이 있었다. 아이와 함께 성장한 나무를 시집갈 때쯤 베어 혼수용 가구를 만들었다. 결혼식 날 신부의 부모는 딸에게 기모노와 고운 옷을 보관하는 용도의 참오동 장롱을 선물했다. 이 나무는 오늘날까지 일본에서 매우 상징적이다. 오동나무 잎과 꽃의 이미지는 총리의 직인에 담겨 있고 일본 정부의 상징으로도 쓰인다.

다른 명칭
모포동毛泡桐, 백동白桐, 자화포동紫花泡桐, Foxglove tree, Kiri, Princess tree

원산지
중국

기후 + 서식지
여름 기온이 높은 온대 지역에 서식하지만, 적응력이 꽤 강하다. 토양이 비옥할수록 빨리 성장한다.

수명
최대 50년

성장 속도
연간 80~500㎝

최대 높이
25m

참오동의 남보랏빛 꽃은
자카란다를 닮았다.

다른 명칭
Giant arborvitae, Pacific redcedar,
Redcedar, Western arborvitae,
Western red cedar

원산지
미국 태평양 연안 북서부, 캐나다

기후 + 서식지
원산지에서 숲이 우거진 늪지와 물길을
따라 자라는 물가의 나무. 다소 건조한
지역의 다양한 토양에 적응할 수 있다.

수명
최소 1400년

성장 속도
연간 10~30㎝

최대 높이
70m

자이언트측백나무의 잎을 짓이기면
파인애플이나 배 사탕 향이 난다.

자이언트측백나무 WESTERN REDCEDAR

토템폴을 만드는 나무

북아메리카의 태평양 연안 북서부에서 탄생한 이 거대한 구과 식물은 '서부붉은삼나무Western Redcedar'라고도 불린다. 이 나무는 진짜 삼나무가 아니다. 개잎갈나무속 *Cedrus*(→P.50)에 속하는 진짜 삼나무 종과는 전혀 관계가 없다. 그러나 목재는 삼나무와 유사해 무게는 가볍고 부식에 매우 강하다. 쓰러진 지 100년이 넘는 나무도 널빤지로 그럭저럭 쓸 수 있을 정도다. 원산지에서 이 나무는 키가 60m에 이르도록 거대하게 자란다. 가장 큰 개체들은 캐나다 브리티시컬럼비아주에 딸린 밴쿠버섬에서 볼 수 있다. 다른 지역에서 이 나무는 울타리 식물로 쓰이기도 한다. 축축하고 그늘진 곳에 잘 적응해 레일랜드사이프러스Leyland cypress를 훌륭히 대체할 수 있다.

이 나무에게는 '서부아버비타western arborvitae'라는 이름도 있다. 북미 눈측백속*Thuja*에 속하는 다른 나무*Thuja occidentalis*가 '동부아버비타'로 알려져 있기 때문이다. '생명의 나무'라는 뜻의 라틴어 arbor-vitae는 나무의 약효를 가리킨다. 북아메리카 원주민들은 이 나무를 감기, 체내 통증, 류머티즘과 치통, 폐 통증, 성병 등을 치료하는 만병통치약으로 여겼다. 자이언트측백나무는 북서 연안 원주민 문화에서도 오랫동안 필수품으로 인식되었으며 영적인 의미도 크다. 이 지역의 일부 원주민들은 이 나무에 크게 의존해 스스로를 '붉은 삼나무의 사람들'이라 부른다. 이 나무는 집을 짓는 데 쓰이며 연장, 상자, 악기, 화살대, 가면 등 의식에 이용되는 물건의 재료가 된다. 또 카누를 만드는 데도 쓰인다. '카누'는 그리스어로 하나의 나무로 만들었다는 뜻의 '모녹실론monoxylon'이라 불리기도 한다.

이 나무의 가장 중요하고 눈에 띄는 용도는 토템폴이다. 토템폴은 태평양 연안 북서부, 캐나다, 워싱턴주, 알래스카주 남동부에서 발견된다. 이 나무는 캐나다 브리티시컬럼비아주의 주목州木이기도 하다. 무엇보다 이 기념비적 조각품은 선조들과의 의사소통과 추모, 문화적 믿음과 전설, 부족의 혈통, 중요한 역사적 사건 등을 상징한다.

Araucaria bidwillii (아라우카리아과)

버냐소나무 BUNYA

수확의 견과

버냐소나무는 어느 모로 보나 공룡이 반가워할 만한 모습을 지녔다. 다우림에 사는 이 나무는 지구에 처음 출현했던 쥐라기의 분위기를 고스란히 간직하고 있고 열매는 공룡 알만 하다. 버냐의 거대하고 묵직한 솔방울 속에 든 종자는 껍질을 벗긴 브라질 너트와 크기가 비슷하다. 영양분이 매우 풍부하며 날것으로 또는 익혀서 아니면 가루로 빻아서 섭취한다. 나무 몸통은 수평의 고리가 들쑥날쑥 반복되는 무늬가 있어 질감이 거칠다. 가지는 거의 겹치지 않으므로 나무가 하나의 거대한 병솔처럼 보인다. 이름은 버냐소나무이지만 소나무가 아닌 구과 식물이며 칠레소나무(→P.154)와 가장 가까운 친척 관계다. 호주 퀸즐랜드주, 특히 그 주의 동쪽이 원산이다.

식민지 정착민들은 목재로서의 가치를 알아보고 이 나무의 개체 수를 급감시켰다. 그 결과 원주민의 전통은 큰 위협을 받았다. 원주민들이 '부냐부냐bunya bunya'라고 부른 이 나무는 그들 문화에서 중요한 일부를 차지한다. 여러 부족은 버냐 축제에 참가하기 위해 먼 거리를 기꺼이 이동하는 것도 마다하지 않았다. 솔방울이 떨어지는 시기에 맞춰 개최하므로 축제일은 매번 바뀌었다. 이 행사에서는 화목한 분위기를 위해 부족 간의 불화는 잠시 접어두었다고 한다. 비록 그 성격이 바뀌어 지금은 음악과 음식을 결합한 문화 행사가 되었지만 이런 축제들은 이어지고 있다.

이 종의 학명에는 19세기에 호주와 뉴질랜드의 많은 식물을 체계적으로 정리한 영국의 식물학자 존 카르네 비드윌John Carne Bidwill의 이름이 붙었다. 그는 버냐소나무를 발견하고 1842년에 새로 지은 큐 왕립식물원에 들여왔다.

에든버러에서 출생했지만, 호주에서 어린 시절을 보낸 탐험가 토머스 페트리는 원주민 아이들과 자유롭게 어울리며 그들의 언어를 배웠다. 14살에 토머스는 번야산맥에서 열리는 번야 축제의 원주민 생활 체험 행사에 초대받았고 그의 딸 콘스턴스Constance는 나중에 이 행사에 대한 기록을 남겼다. 1904년에 출판된 책《초기 퀸즐랜드에 대한 톰 페트리의 회고Tom Petrie's Reminiscences of Early Queensland》는 브리즈번에서의 초기 식민지 생활을 보여주는 가장 훌륭한 참고 자료로 인정받고 있다.

다른 명칭
Bunya pine

원산지
호주

기후 + 서식지
습윤한 열대 기후, 촉촉한 산성 토양

수명
최소 200년

성장 속도
연간 30~60㎝

최대 높이
50m

수백만 년 전에는 공룡이
번야소나무의 거대한 솔방울을
먹었을 것으로 추정된다.

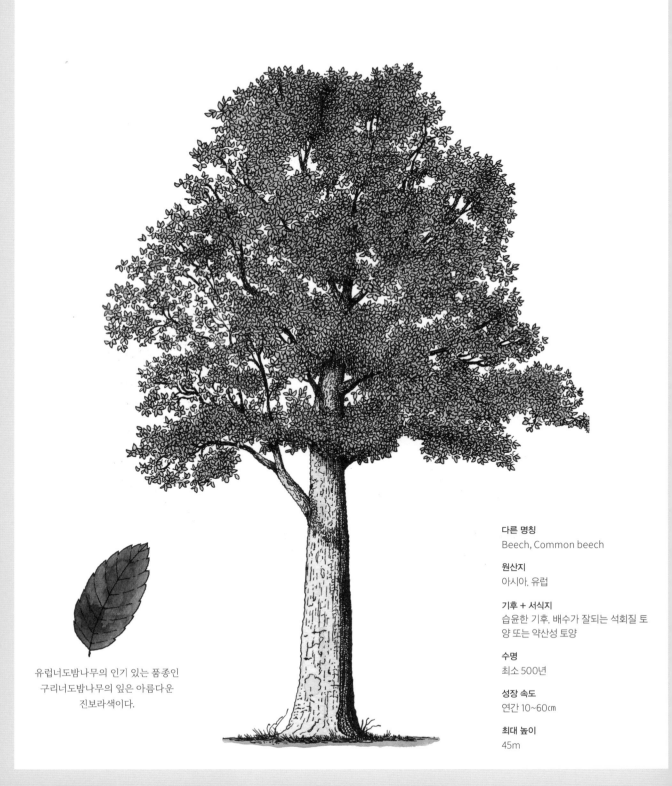

유럽너도밤나무의 인기 있는 품종인
구리너도밤나무의 잎은 아름다운
진보라색이다.

다른 명칭
Beech, Common beech

원산지
아시아, 유럽

기후 + 서식지
습윤한 기후. 배수가 잘되는 석회질 토
양 또는 약산성 토양

수명
최소 500년

성장 속도
연간 10~60㎝

최대 높이
45m

Fagus sylvatica (참나뭇과)
유럽너도밤나무 EUROPEAN BEECH

잎으로 만드는 식전주

유럽너도밤나무는 모든 임목을 통틀어 가장 거대한 나무에 속한다. 곰돌이 푸, 피글렛, 크리스토퍼 로빈의 세계에 관심 있는 사람이라면 쉐퍼드E. H. Shepard가 그린 《100에이커의 숲Hundred Acre Wood》의 삽화 속에서 너도밤나무를 만날 수 있다. 너도밤나무의 몸통은 크고 튼튼하며 잎은 봄에 투명한 초록이었다가 가을이면 금빛과 구릿빛 낙엽이 되어 지면을 뒤덮는다. 섬세한 목재는 땔감과 가구로는 최고일 것이다.

이 종은 유럽 전역에 퍼져 있고 영국에서는 자생하지 않던 남반부에서만 흔히 볼 수 있다. 유럽 대륙에서는 널리 재배하는 나무다. 프랑스에서는 너도밤나무의 어린잎을 진에 담가 견과 향이 가미된 맛있는 연녹색 식전주인 누아요noyau를 만든다.

너도밤나무가 가장 빼어난 경관을 형성하는 곳은 벨기에 브뤼셀 남동쪽에 위치하며 플랑드르, 왈롱, 브뤼셀에 걸쳐 있는 소니안 숲Sonian Forest이다. 약 45㎢의 넓은 천연림에는 너도밤나무가 대부분이고 소수의 참나무와 서어나무가 있다. 이 숲은 광대한 고대 목탄 숲Silva Carbonaria의 남은 일부인데 현재 최소 275살이지만 여전히 성장하고 있는 많은 나무가 산다.

유럽너도밤나무는 세계의 다른 온대 기후 지역으로 널리 수출되었고, 흔히 볼 수 있는 보라색 잎 외에도 색과 특성이 다양한 품종이 정원수로 재배되고 있다. 미국에서는 매우 인기 있는 나무다. 미국 원산의 너도밤나무 *Fagus grandifolia* 보다 도시 환경을 훨씬 잘 견디는 관상용 녹음수로 도입할 정도다. 나이가 가장 많고 덩치가 가장 큰 개체는 1850년에 매사추세츠주 브루클린의 롱우드 몰에 있는 1ha 규모의 수목원에 식재되었다. 유럽너도밤나무는 뉴욕 센트럴파크 등 미국의 다른 공원에서도 만날 수 있다. 그런 곳에서는 그 도시의 초기 유럽 이민자들에게 고향을 추억하게 했던 너도밤나무들을 찾아볼 수 있다.

Jacaranda mimosifolia (능소화과)

자카란다 Jacaranda

시험 나무

아마존에는 낙엽성 나무 자카란다에 얽힌 전설이 있다. 미투Mitu라는 이름의 새가 천국에서 내려와 달의 여사제를 자카란다 우듬지에 데려다놓았다. 여사제는 나무에서 내려와 인근 마을에 살면서 마을 사람들에게 지식을 전수했다. 미투가 돌아와 여사제를 다시 그녀의 연인인 태양의 아들이 기다리는 천국으로 데려갔다.

날마다 수백만의 사람, 특히 브라질이나 아르헨티나, 멕시코, 남아프리카 등 서리가 거의 내리지 않는 나라의 사람들은 자카란다가 늘어선 도시 거리를 지나다닐 것이다. 그런 도시에는 '자카란다'라는 이름을 호텔, 레스토랑, 술집, 상점, 심지어 라디오 방송국에서도 만날 수 있다. 봄에는 기막힌 보라색 장관을, 여름에는 반가운 그늘을 제공하는 나무의 명성 덕분이다.

특히 꽃이 만개하는 봄에는 자카란다만큼 숨 막히게 아름다운 나무가 드물다. 그 색은 감탄을 자아낸다. 남아프리카공화국 프리토리아에는 수백만 그루의 자카란다가 있어 '자카란다의 도시'라는 별명을 얻게 되었다. 트럼펫 모양의 꽃은 9~11월 도시를 파랗게 물들인다. 환상적인 광경이지만 아무리 아름다운 것도 지나치게 많으면 환영받지 못하는 법이다. 이제 프리토리아에서 자카란다는 잡초로 분류되어 식재를 제한하고 있지만, 이 나무는 아랑곳하지 않는 모양이다. 개화 시기가 대학교 기말시험과 겹치면서 새로운 전설이 생겨났다. 자카란다 꽃이 학생의 머리에 떨어지면 시험 운이 트여 아주 좋은 성적을 받는다는 것이다.

프리토리아에서만 이 아름다운 나무를 찬양하는 것은 아니다. 호주 퀸즐랜드주에서는 봄이 찾아왔음을 기념하기 위해 자카란다 축제를 연다. 그곳에서는 대학 기말시험 기간에 꽃을 피운다는 이유로 자카란다를 '시험 나무'라 부른다. 시험을 앞둔 학생의 심정을 묘사하는 '보라색 공포'라는 말도 있다.

다른 명칭
Blue jacaranda, Fern tree

원산지
브라질, 아르헨티나

기후 + 서식지
덥고 건조하고 서리가 없는 기후. 배수
가 잘되는 중성 또는 산성의 다양한 토
양

수명
최대 100년

성장 속도
연간 20~50㎝

최대 높이
20m

자카란다의 멋진 꽃은
봄과 초여름에 피어
두 달을 간다.

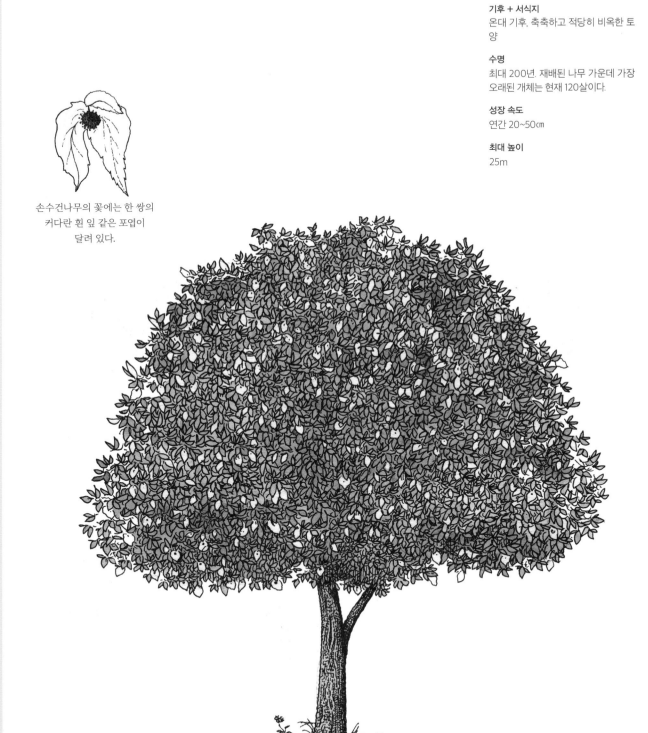

다른 명칭
비둘기나무, Ghost tree, Handkerchief tree

원산지
중국 남서부와 중부

기후 + 서식지
온대 기후, 축축하고 적당히 비옥한 토양

수명
최대 200년. 재배된 나무 가운데 가장 오래된 개체는 현재 120살이다.

성장 속도
연간 20~50㎝

최대 높이
25m

손수건나무의 꽃에는 한 쌍의 커다란 흰 잎 같은 포엽이 달려 있다.

Davidia involucrata (니사나뭇과)
손수건나무 DOVE TREE

식물 사냥꾼의 전리품

빅토리아 시대 영국은 새로운 관상수 도입의 황금기였다. 이 시기에는 값비싼 대가를 치르거나 간혹 개인의 희생을 감수하면서까지 필사적으로 나무를 찾아다녔다. 당시의 귀족과 중산층에게 진귀한 나무는 사회적 지위를 드러내는 중요한 수단이었다. 원래는 사유지였지만 지금은 대부분 대중에 개방된 대저택의 정원에는 지금까지도 살아남은 특별한 나무들이 적지 않다.

나무를 향한 이 시대의 끝없는 욕망은 이윤을 목적으로 하는 식물 사냥꾼을 탄생시켰다. 개중 가장 뛰어난 인물은 영국의 젊은 박물학자 어니스트 헨리 윌슨Ernest Henry 'Chinese' Wilson으로 런던의 이름난 묘목업자 해리 비치 경Sir Harry Veitch에게 고용되었다. 손수건나무를 찾아오라는 비치의 지시에 따라 윌슨은 중국에 가서 그 종자를 가지고 돌아왔다. 이 나무에는 발견자인 프랑스 선교사 겸 열정적인 박물학자 아르망 다비드Armand David 신부의 이름이 붙었다. 그의 이름은 중국백송*Pinus armandii*으로도 기억되고 있다. 다비드는 중국의 진귀한 고유종인 자이언트판다를 세상에 최초로 알린 서양인이기도 하다. 1869년 손수건나무를 처음 연구한 사람은 다비드였지만 그의 표본들은 한강韓江에서 일어난 조난 사고로 유실되었다. 아일랜드의 식물 사냥꾼 오거스틴 헨리Augustine Henry는 1888년 손수건나무 1그루를 발견해 건조된 표본을 큐 왕립식물원에 보냈다. 중국에 가서 헨리의 나무를 찾아오라는 명을 받은 윌슨이 나무가 있던 곳에 도착해보니 그 손수건나무는 건축용으로 벌목되고 없었다. 윌슨은 다른 표본을 찾아 종자와 묘목을 서양에 들여오는 데 성공했다.

손수건나무는 매력적인 낙엽성 관상수로 늦봄부터 피는 수많은 꽃으로 유명하다. 발그레한 꽃들은 지름 1~2㎝의 공이 여러 개 대롱대롱 매달린 형태로 피는데, 공 하나하나마다 꽃잎의 기능을 하는 커다란 순백색의 잎 모양 부속 기관이 1쌍씩 붙어 있다. 큰싸개잎bract이라고도 하는 이 포엽苞葉이 흰 비둘기처럼 바람에 펄럭이다가 손수건처럼 떨어지는 데서 이 나무의 이름이 유래되었다.

Citrus × latifolia (운향과)

페르시아라임 LIME

데킬라 한 잔

감귤류 중에서 신맛이 가장 강한 몇몇 종에 라임이라는 이름이 붙어 있다. 직접 기르거나 가까운 지역에서 재배된 과일을 누릴 수 없는 사람들일지라도 페르시아라임을 요리 재료나 진 토닉에 얹힌 조각으로 종종 만날 것이다. 페르시아라임은 상업적으로 가장 널리 쓰이는 라임 품종으로 라이벌인 멕시코라임, 곧 키라임*Citrus × aurantiifolia*보다 즙이 많고 신맛이 덜하다. 현재 페르시아라임은 멕시코라임과 레몬(→P.116)의 교잡종으로 밝혀졌지만, 원산지는 정확히 알 수 없다. 양쪽 부모의 고향이 아시아라는 사실만 알려졌다. 이 교잡종의 이름은 고대 교역로의 중심이던 페르시아에서 따왔다.

오늘날에는 다양한 품종의 *Citrus × latifolia*가 재배되고 있는데 그중 씨 없는 라임 또는 타히티라임으로도 알려진 비어스라임이 가장 중요하다. 1895년경 캘리포니아주 포터빌의 비어스 묘목장J. T. Bearss Nursery에서 타히티 원산 과일을 바탕으로 선택된 종류로 보인다. 비어스라임은 작고, 껍질이 얇고, 씨가 없으며, 다른 라임들처럼 진녹색이었다가 성숙하면 노랑으로 변한다.

멕시코는 라임을 대량 생산하고 있는데 할리스코 고원에서 생산하는 테킬라의 본산이기도 하다. 라임과 데킬라의 조화를 즐기는 전형적인 방법은 손등에 뿌린 소금을 핥고 데킬라 한 잔을 마신 다음 라임 한 조각을 깨무는 것이다. 소금은 멕시코 음식의 매운맛을 진정시키고 라임은 알코올의 뒷맛을 줄인다고 한다.

여느 감귤류 나무처럼 페르시아라임은 빽빽이 우거진 가지의 황갈색 잎 사이에 향기로운 흰 꽃을 풍성하게 터뜨린다. 기후가 양호하면 이 나무는 연중 열매와 꽃을 생산하고 씨 없는 과실은 6~8월 수확이 가능하다.

다른 명칭
Bearss lime, Persian lime, Tahiti
lime

원산지
아시아

기후 + 서식지
따뜻한 아열대 또는 열대 기후, 촉촉하
고 배수가 잘되는 흙

수명
최대 100년

성장 속도
연간 20~60㎝

최대 높이
6m

페르시아라임은 키라임보다 크고,
즙이 많으며, 신맛이 적다.
씨는 더 적고 껍질은
더 두껍다.

다른 명칭
Macrocarpa

원산지
미국 캘리포니아주

기후 + 서식지
서늘하고 축축한 해양성 기후, 비옥하
고 촉촉한 토양

수명
최대 250년

성장 속도
연간 30~60㎝

최대 높이
25m

몬테레이사이프러스의 잎은
조그맣고 향기로우며 서로
겹쳐서 난다.

Cupressus macrocarpa (측백나뭇과)

몬테레이사이프러스 MONTEREY CYPRESS

캘리포니아의 고독한 생존자

캘리포니아 페블 비치를 따라 이어진 암석 돌출부에는 고독한 사이프러스가 서 있다. 모진 바람에 시달리던 이 나무는 현재 철선으로 받쳐져 있다. 북미에서 사진이 가장 많이 찍힌 나무로 유명하다. 이 나무가 속한 몬테레이사이프러스종은 백향목(→P.50) 처럼 금방 알아볼 수 있다. 살짝 비스듬하고 옆으로 넓게 벌어진 가지를 보면 확실하다. 나이가 많은 개체는 꼭대기가 평평한 것이 많다. 바람에 오랫동안 혹사당하다 보면 이런 모양으로 다듬어질 수밖에 없다. 얄궂게도 이 나무를 방풍림으로 쓰는 지역도 있다. 울퉁불퉁하고 구불구불한 몸통을 보면 정말로 세월의 흔적이 느껴지는 것만 같다. 2000년까지 살았다는 몇몇 개체에 대한 전설도 있지만, 외모와 달리 몬테레이사이프러스가 수백 년 이상 산다는 증거는 거의 없다. 이 나무가 놀랄 만큼 빨리 자라고 금방 성숙한 크기에 이르는 것은 사실이다. 알고 보면 이 나무는 어디서나 볼 수 있는 교잡종인 레일랜드사이프러스*Cypressus × leylandii*의 부모다.

이 나무의 진짜 원산지는 캘리포니아 중부 해안의 매우 제한된 범위에 국한된다. 이곳 카멜 베이의 북쪽과 남쪽에는 지금도 두 개체군이 존재한다. 서식 범위는 북쪽으로 사이프러스 포인트Cypress Point에서 끝난다. 원산지는 좁지만 몬테레이사이프러스는 세계의 다른 지역에 널리 식재되고 순화되었다. 호주와 뉴질랜드 일부에서 성공적으로 재배되었고 일부 지역에서는 토착화되었다. 뉴질랜드에서는 20세기 초에 해안의 농장들을 바다로부터 보호하기 위해 이 나무를 선택했지만 결국 농가의 임업 자원으로 널리 쓰였다. 오늘날 '매크로카파Macrocarpa'라고도 하는 이 나무는 지금도 뉴질랜드에서 임업용으로 재배하지만, 점점 이용이 제한되고 있다. 온화하고 건조한 내륙 조림지에 널리 퍼져 있는 곰팡이성 줄기마름병 때문이다. 이 병의 원인은 지금도 연구를 진행하고 있지만, 이 사이프러스가 좀 더 서늘한 지역에서 잘 자란다는 사실은 분명해 보인다. 인간처럼 나무도 행복하고 건강하면 병을 물리칠 수 있다.

Aesculus hippocastanum (무환자나뭇과)
가시칠엽수 Horse Chestnut

어린이의 나무

종자인 '캉커conker'를 이용한 어린이들의 놀이(가시칠엽수 열매를 줄에 꿰어 열매끼리 부딪쳐서 깨는 놀이-옮긴이) 때문에 영국에서 캉커나무로 알려진 이 나무는 넓게 뻗은 가지와 둥그스름한 수관으로 그늘을 드리우는 아름다운 관상수다. 볼록한 갈색 꽃봉오리에서 터져 나오는 봄꽃은 여러 개의 꽃송이가 원추형으로 모인 촛불 같은 형태다. 꽃잎 위쪽에 빨간 점이 찍힌 낱낱의 흰색 꽃은 가지 끝에 맺힌다. 유럽 남동부의 핀두스산맥과 발칸산맥(스타라플라니나산맥)이라는 비교적 좁은 지역에 자생하던 이 나무가 유럽 전역의 공원과 사유지, 도로변에 널리 심어진 이유는 5월에 꽃을 활짝 피우는 성숙한 나무가 멋진 볼거리를 선사해서다.

가시칠엽수는 독일, 특히 바이에른의 야외 맥줏집에서는 흔히 볼 수 있다. 이 나무들은 현대 냉장 기술이 등장하기 전 맥주 저장고에 그늘을 드리우는 역할을 했다. 지금은 그 그늘 밑에서 맥주 몇 잔을 즐길 수 있다. 가시칠엽수는 미국과 캐나다의 도시와 공원에도 널리 식재되었다.

암스테르담의 운하 주변에 있는 어느 17세기 주택 앞에 한때 유럽에서 가장 유명했던 가시칠엽수가 서 있었다. 독일 태생 안네 프랑크와 가족은 2차 세계대전 중에 나치를 피해 밀실에 딸린 방에 숨어 살았다고 전해진다. 안네는 이 나무를 무척 좋아해 《안네의 일기Diary of Young Girl》에도 여러 번 언급했다. 훗날 '안네 프랑크의 나무'로 알려진 이 나무는 전쟁이 끝날 때까지 살아남았지만 수년간 병에 시달리다가 2007년 11월에 벌목이 결정되었다. 그러나 사람들의 뜨거운 관심에 힘입어 법원 결정으로 목숨을 건질 수 있었다. 이 나무를 살리기 위한 자선 재단까지 설립되었지만, 어느 해 8월의 강풍이 나무를 무참히 부러뜨리고 말았다. 밑동 근처의 가지가 재생하리라는 희망도 보였지만 안네 프랑크의 나무는 2010년 사망을 선고받았다. 다행히 나무에서 채취한 종자가 미국에서 7포기의 묘목으로 자라나 공원, 박물관, 학교를 비롯한 홀로코스트 희생자 추모 센터에 널리 식재되었다.

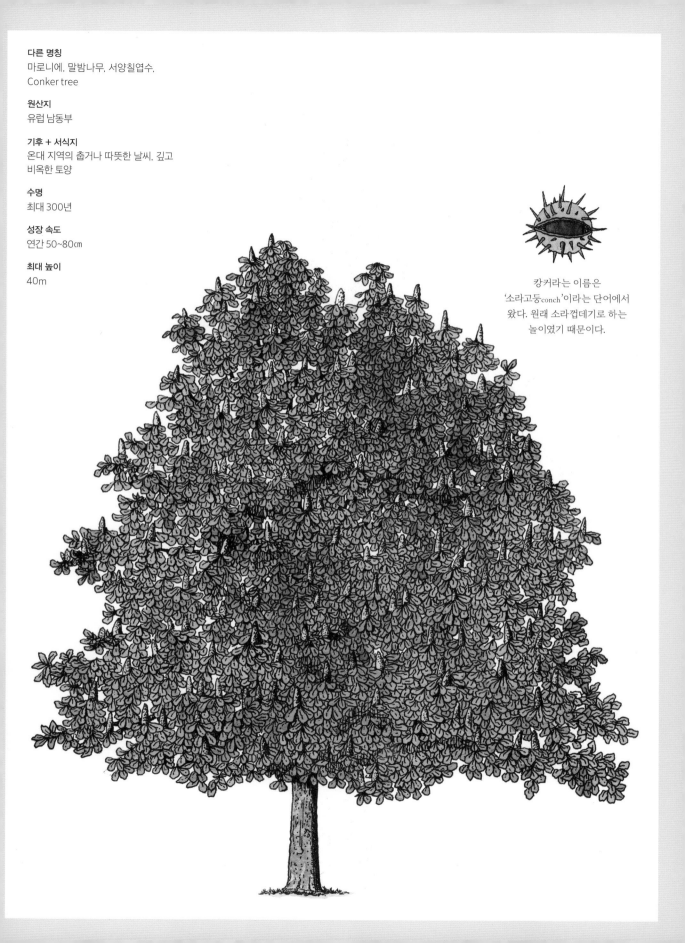

다른 명칭
마로니에, 말밤나무, 서양칠엽수,
Conker tree

원산지
유럽 남동부

기후 + 서식지
온대 지역의 춥거나 따뜻한 날씨, 깊고
비옥한 토양

수명
최대 300년

성장 속도
연간 50~80㎝

최대 높이
40m

캉커라는 이름은
'소라고둥conch'이라는 단어에서
왔다. 원래 소라껍데기로 하는
놀이였기 때문이다.

다른 명칭
수삼水杉, Shui-shan(water fir)

원산지
중국 후베이성

기후 + 서식지
온대 기후의 습한 지역 또는 강둑, 범람원, 강우량이 많은 지역

수명
최대 600년

성장 속도
연간 30~100㎝, 60년에 보통 30m 자란다.

최대 높이
60m

메타세쿼이아는 같은 속에서
유일하게 살아남은 종이다.
상록이 아니라 가을에 잎을
떨어뜨리는 낙엽성이다.

Metasequoia glyptostroboides (측백나뭇과)
메타세쿼이아 Dawn Redwood

살아 있는 화석

선명한 피라미드 형태의 겨울 실루엣과 울퉁불퉁한 몸통이 지금은 친근해졌지만 2차 세계대전 이전까지만 해도 메타세쿼이아는 화석으로만 알려져 있었다. 이 종은 1941년 중생대 화석으로 처음 소개되었다. 교토대학 구석기 식물학자 미키 시게루三木茂 박사는 화석 표본을 연구하다가 새 종을 발견했음을 깨닫고 세쿼이아(낙우송)를 닮았다는 뜻으로 '메타세쿼이아'라는 이름을 붙였다. 같은 해에 왕잔王戰이라는 중국 삼림관리원은 미키가 발견한 새 종은 전혀 몰랐지만, 살아 있는 거대한 표본을 우연히 발견하고 예사롭지 않은 나무임을 알아봤다. 지역 사당 부근에 있던 이 나무를 마을 사람들은 물전나무라는 뜻의 '수이산水杉'이라고 불렀다. 발견 소식이 미국에 전해지자 1948년 하버드대학 부속 아널드 식물원이 종자 수집 팀을 중국에 파견했고 이를 시작으로 이 나무는 전 세계의 식물원으로 퍼져나갔다.

메타세쿼이아는 한때 공룡과 함께 멸종된 줄 알았던 살아 있는 유물이며 관상수로서의 가치도 뛰어났기에 이 나무의 발견은 전쟁 중에 억눌려 있던 나무에 관한 관심을 되살리는 계기가 되었다. 이 나무의 진귀함과 아름다움에 원예가들은 열심히 개체 수를 늘렸다. 메타세쿼이아가 차츰 알려지면서 조경수로서 얼마나 가치가 있는지도 드러났다. 양치식물을 닮은 잎은 봄에는 밝은 초록이었다가 가을에는 구릿빛 분홍이나 심지어 타는 듯한 붉은 빛을 띤 갈색으로 변한다. 몸통의 형태도 독특해 밑동은 넓고 불그레하고 거친 껍질에는 깊은 고랑과 주름이 져 있어 틈새에 이끼가 자라기도 한다. 이 울퉁불퉁한 몸통은 구조미와 장식미가 뛰어나다.

이 나무는 기르기 매우 쉽다. 너무 크게 자라서 좁은 정원에 심는 데는 한계가 있지만, 분재용으로 훌륭하다. 가뭄에 잘 적응하지 못하지만, 바다를 접하거나 오염된 환경에는 잘 견뎌서 가로수로서의 자질도 훌륭하다. 중국 장쑤성 피저우에는 세계에서 가장 긴 메타세쿼이아 길이 있다. 처음 만들어진 1975년에는 100만 그루 이상이 60㎞에 걸쳐 늘어서 있었지만, 지금은 500만 그루로 늘어나 이 도시는 세상 어느 곳보다 많은 수의 메타세쿼이아를 자랑한다.

Betula pendula (자작나뭇과)

자작나무 SILVER BIRCH

북방의 은빛 숙녀

'숲의 숙녀'로 알려진 우아한 자작나무는 매끈하고 몸통이 희어 특히 겨울에 쉽게 눈에 띈다. 유럽과 아시아 전역에 자생하는 이 나무는 스코틀랜드 고지대 칼레도니아숲의 메마른 산성 토양에서 가장 잘 자란다. 자작나무는 마지막 빙하기 이후에 형성되어 거의 변하지 않은 진짜 원시림을 구주소나무(→P.128)와 함께 지배하고 있다.

자작나무는 오래 사는 경우가 드물지만, 환경이 적합하면 더 잘 자라고 빨리 퍼진다. 보랏빛이 도는 갈색의 매끄럽고 가느다란 가지에는 작은 사마귀 같은 것이 붙어 있다. 싹은 4월에 터서 끝이 뾰족하고 잎자루가 길고 가장자리가 톱니 모양인 잎을 드러낸다. 이 잎은 연초록에서 진초록으로 성숙했다가 초가을에 노랗게 변한다. 양질의 미색 목재는 일반 목공용으로 쓰기에 단단하지만, 부패가 잘된다. 자작나무 숲을 지나다 보면 쓰러진 나무가 부식되어 속이 빈 몸통을 흔히 볼 수 있다. 나무껍질은 멀쩡하게 남아 많은 숲속 생물들에게 은신처를 제공한다. 그것을 보면 이 나무가 다공성임을 알 수 있다. 과거에는 수액을 뽑아 와인을 만들었는데 지금도 나무를 채취해 이 음료를 생산하는 사람들이 있다. 한때 타닌과 접착제를 만드는 데 쓰던 초강력 진액을 함유해 내구성이 강하고 물에 잘 젖지 않는 껍질은 옛날부터 지붕널로 이용되었다.

자작나무는 아름다울 뿐 아니라 우리 삶의 모든 영역에서 매우 유용하다. 과거에 그억센 재목은 북유럽의 혹독한 겨울에 온기, 쉼터, 신발, 치료, 음료를 제공했다. 밧줄을 닮은 길고 가는 가지는 지금도 대빗자루의 주재료로 쓰인다. 1988년부터 자작나무를 나라의 상징으로 삼은 핀란드에서는 잎이 달린 가지를 사우나에 두고 몸을 가볍게 두드리는 용도로 쓴다. 그렇게 하면 근육을 이완하고 모기에 물린 자리를 진정시키는 효과가 있다고 한다. 자작나무는 스칸디나비아에서 상업적 가치가 가장 큰 나무다. 종이를 만드는 펄프는 대부분 드넓은 자작나무 숲에서 얻는다.

다른 명칭
백수白樹, 백화白樺, 봇나무, Lady of
the woods

원산지
아시아, 유럽

기후 + 서식지
적응력이 매우 강하다. 가뭄이나 홍수
가 극심한 곳을 제외한 모든 지역의 산
성 토양, 특히 황야에서 잘 자란다.

수명
50~100년

성장 속도
연간 10~80㎝

최대 높이
30m

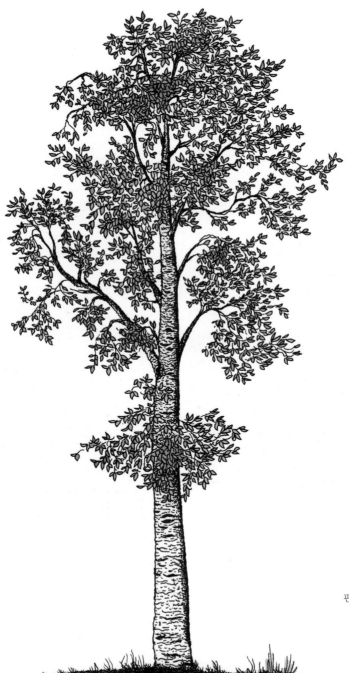

핀란드에서는 자작나무 잎으로
만든 차가 인기 있다.

다른 명칭
Silver wattle

원산지
호주 뉴사우스웨일스주, 빅토리아주,
태즈메이니아주

기후 + 서식지
적응력이 매우 강하다. 아주 습한 지역
이 아니면 어디서나 잘 자란다.

수명
최대 30년

성장 속도
연간 60~200㎝

최대 높이
30m

은엽아카시아는 아주 이른 봄에
샛노란 방울 모양의 원추꽃차례를
지닌 화려한 꽃을 피운다.

Acacia dealbata (콩과)

은엽아카시아 Mimosa

여성에게 힘을 주는 꽃

빨간 장미가 밸런타인데이의 상징이듯 은엽아카시아나무, 특히 그 꽃은 최근 이탈리아에서 열렬하게 기념하는 세계 여성의 날의 상징이 되었다. 여성의 날La Festa della Donna인 3월 8일에 여성들은 연대의 상징으로 은엽아카시아 가지를 주고받는다. 은엽아카시아가 이런 용도로 선택된 것은 별로 놀랍지 않다. 노란 방울 모양의 풍성한 원추꽃차례를 지닌 이 나무는 이른 봄에 가장 기분 좋은 향기와 볼거리를 제공하면서 겨울이 얼마 남지 않았음을 알려준다. 벌과 곤충들도 이 꽃을 좋아한다. 특히 벌들에게 은엽아카시아는 늦겨울에 식량을 얻는 귀중한 원천이다. 화사한 꽃에 뒤덮이지 않을 때는 대체로 청록색이지만 간혹 은녹색을 띠는 커다란 깃털 모양의 잎이 드러난다. 남부 유럽의 일부 지역에서는 귀화한 은엽아카시아를 흔히 볼 수 있다. 관상용으로 처음 도입되었으리라 짐작되며 꽃과 잎은 절화 시장에서 비싸게 거래된다. 프랑스 남부에서는 꽃에서 얻은 오일을 고급 향수의 정착액으로 이용하며 꽃의 관능적인 향은 카시cassie라는 앱솔루트absolute(정유精油와 유사한 농축 향료)로 제조된다. 은엽아카시아의 친척으로 가시가 있는 스위트아카시아*Acacia farnesiana*에서도 같은 물질을 얻는다.

온도가 허락하는 곳이라면 어디서든 은엽아카시아는 적당한 크기의 건강한 관상목으로 자랄 수 있다. -10℃까지 견딜 수 있다. 풍성하게 핀 꽃이 양치식물을 닮은, 아름답고 보드랍고 섬세한 잎을 가렸다가 떨어져 내리면 지면은 금색 카펫으로 뒤덮인다. 성장이 매우 빠른 나무지만 오래 살지는 못한다. 원산지인 호주에서는 반복적으로 들불에 시달리지만, 뿌리에서 다시 자라날 뿐 아니라 불꽃의 도움으로 흙 속에서 잠자던 씨앗의 딱딱한 껍질이 깨져 수분만 있으면 금방 싹을 틔울 수 있다. 이 나무는 결국 불에 탄 땅을 처음 되살리는 개척종pioneer species 역할을 한다.

Pyrus calleryana (장미과)

콩배나무 CALLERY PEAR

생존의 아이콘

관상수로서의 콩배나무는 이렇다 할 매력이 없지만, 가로수로 가장 흔히 식재하는 나무다. 오염 물질과 점질토를 잘 견딜 수 있어 도시 조림 계획에 빠지지 않는 종이다. 적응력은 2001년 9월 11일 뉴욕 세계무역센터 테러 후 건물이 있던 자리에 새까맣게 탄 콩배나무 그루터기가 발견된 놀라운 사건으로 증명되었다. 그 나무는 다른 곳으로 옮겨져 건강을 회복한 다음 10년 뒤에 다시 이식했다. 그 후 다시 한번 싱싱하게 되살아나면서 '생존의 나무'라는 별명을 얻었다.

1872년에 콩배나무는 프랑스 선교사 조제프 마리 칼레리Joseph Marie Callery가 중국에서 발견했다. 선교사의 이름이 콩배나무의 이름이 되었다. 그 후 1908년 생물학자이자 식물수집가였던 어니스트 헨리 윌슨이 19세기 말과 20세기 초에 서양에 들여온 2000여 종과 더불어 영국에 소개되었다. 이 나무는 식물 탐험가 프랭크 마이어Frank Meyer가 1918년 미국으로 가져갈 때까지 별로 흥미를 끌지 못했다. 그해 6월 일본 유람선을 탔다가 양쯔강에 빠져 때 이른 의문의 죽음을 맞기 전에 마이어가 소개한 마지막 식물 가운데 하나였다.

배는 북반구에서 가장 중요한 과일에 속한다. 배나무속*Pyrus*에는 다양한 종이 있다. 모든 종의 목재는 결이 곱고 튼튼해 특히 목관 악기에 귀하게 쓰인다. 콩배나무의 다양한 품종은 풍성한 꽃과 가을 낙엽색을 즐길 목적으로 선택한다. '브래드퍼드Bradford'는 그런 품종 가운데 하나로 북아메리카 도회지 전역에 분포한다.

돌배나무가 그 서식지에 완벽하게 적응한 듯이 보여도 이 나무는 나이가 들수록 폭풍 피해를 입기 쉽고 꽃이 많이 피면 불쾌한 냄새를 풍긴다. 북아메리카의 일부 지역에서는 도시를 벗어나 자연에서 새 삶을 시작한 콩배나무들을 볼 수 있는데 그 존재가 토종 식물에 위협이 될 수 있다. 칼레리는 이 나무의 발견자보다는 1842년에 비슷한 부류로는 최초로 출판된 기념비적인 저서 《중국어대사전Encyclopedia of the Chinese Language》으로 기억되는 쪽을 더 원할 것이다.

다른 명칭
Bradford pear

원산지
베트남, 일본, 중국, 한국

기후 + 서식지
적응력이 매우 강하다. 심하게 메마르
거나 질척이는 땅이 아니면 어디서든
잘 자란다.

수명
최대 100년

성장 속도
연간 20~50㎝

최대 높이
15m

콩배나무는 예쁜 흰 꽃을 올망졸망
피운 다음 쓴맛이 나는 갈색
열매를 맺는다.

다른 명칭
없음

원산지
에콰도르, 페루

기후 + 서식지
해발고도 1800~2400m의 습윤한 산간 운무림雲霧林

수명
기록이 없음

성장 속도
연간 5~10㎝

최대 높이
25m

잉카에서나무의 잎은 크고
반질반질한 혁질이다.

Incadendron esseri (대극과)

잉카에서나무 ESSER'S TREE OF THE INCA

새로운 발견

잉카에서나무는 우리의 이야기를 끝맺기에 적당한 나무인 것 같다. 페루 안데스 고산 지대의 구름 덮인 숲속에 꼭꼭 숨어 있다가 2017년에야 그 이름과 생태를 공식적으로 세상에 알렸다. 덕분에 우리는 이 나무의 독특하고 매혹적인 역사에 대해 앞으로 밝혀야 할 것이 얼마나 많은지 깨닫게 되었다.

이 나무는 스미소니언협회와 웨이크포레스트대학 연구자들이 페루에서 이 지역의 독특한 생태계를 연구하는 과정에서 발견되었다. 이 나무는 세계에서 생물 다양성이 가장 풍부하며 외딴곳이지만, 접근이 불가능하지는 않은 운무림의 매우 좁은 고도 범위 내에서 발견되었다. 태양을 숭배하는 잉카 문명이 건설하고 이용했던 유명한 트로차 유니온 트레일Trocha Union trail에서 고도 3600m의 유명한 일출 전망탑인 트레스 크루세스Tres Cruces를 거쳐, 안데스 저지대의 곡창 지대와 그 훨씬 아래의 장대한 아마존으로 연결되는 길을 따라 분포하는 잉카에서나무 개체군이 처음 확인되었다.

나무 자체는 교목의 특성을 온전히 지니고 있다. 비늘로 뒤덮인 구불구불한 몸통에서 둥글게 말리거나 축 늘어진 가지가 뻗어 있다. 크고 반질반질한 혁질의 잎은 월계수 잎과 비슷하다. 에서나무는 파라고무나무(→P.64)부터 카사바, 아주까리, 캔들넛(→P.110), 포인세티아까지 포괄하는 대극과에 속한다. 일견 제각각으로 보이지만 이 과의 몇몇 구성원은 손상을 입으면 끈적한 유액을 흘린다는 공통점이 있다. 잉카에서나무가 좀 더 일찍 발견되었다면 고무나무의 경쟁 상대가 되었을지 모를 일이다.

스미소니언박물관 식물학자 케네스 우다크Kenneth Wurdack의 말을 인용하며 마무리를 해야 할 것 같다. "이 나무는 새 이름을 얻기 전 몇 년간 연구자들을 혼란에 빠뜨렸다. 아직 세상에 알려지지 않은 다양한 생물 종이 곳곳에서 발견을 기다리고 있음이 증명되었기 때문이다. 머나먼 곳의 생태계에서는 물론 우리의 뒷마당에서도."

세계의 식물원과 수목원 목록

식물원의 역사적 기원은 중세 유럽의 약용 식물원인 '약초재배원'까지 거슬러 올라간다. 약초재배원은 18세기 샤를마뉴 시대에 시작되었다. 원래 약제상협회의 정원이던 런던 첼시 약용식물원은 그중 단연 유명하다. 1673년 식물의 약효를 연구하기 위해 설립한 이곳은 세계에서 가장 중요한 식물 연구소 겸 교환소다. 식물원에서는 다양한 식물을 수집하고, 재배하고, 설명을 붙여 전시한다. 최근 들어 기후 변화에 대한 두려움이 커지고 환경 보전의 중요성이 부각되면서 식물원이 다시 관심을 얻게 되었고, 기존에 수집한 표본들과 식물 종의 보존·증식에 필요한 지식을 갖추고 있다는 점에서 그 중요성이 부각되고 있다. 일부는 런던의 큐 왕립식물원처럼 과학연구소를 겸한다. 현재 전 세계 148개국에 1700곳이 넘는 식물원이 있다. 그 중요성 때문에 현재 건설 중인 곳도 꽤 있다. 다음 목록은 중요한 식물원과 수목원(나무를 수집하는 시설)들의 예시일 뿐이다. 국제식물원보존연맹Botanic Gardens Conservation International (www.bgci.org)에서는 당신과 가까운 곳에 있는 다른 식물원들에 관한 유용한 정보를 얻을 수 있다.

남아프리카공화국

커스텐보시 국립식물원
Kirstenbosch National Botanical Gardens
케이프타운

네덜란드

벨몬테 수목원
Belmonte Arbboretum
바헤닝엔

트롬펜뷔르흐 수목원
Arboretum Trompenburg
로테르담

네팔

카트만두 국립식물원
National Botanical Garden Kathmandu
카트만두

뉴질랜드

곤드와나 수목원, 오클랜드 식물원
Gondwana Arboretum, Auckland Botanic Gardens
오클랜드

이스트우드힐 수목원
Eastwoodhill Arbboretum
기스번

핵폴스 수목원
Hackfalls Arboretum
기스번

독일

뮌헨 식물원
Botanischer Garten München
뮌헨

삼림식물원과 수목원
Forstbbotanischer Garten und Arboretum
괴팅겐

슈패트 수목원
Späth-Arboretum
베를린

엘러후프-틴센 수목원
Ellerhoop-Thiensen Arboretum
엘러후프

멕시코

생물학연구소식물원
Jardín Botánico del Instituto de Biología
(UNAM)
멕시코시티

푸에블라자치대학 식물원
Jardín Botánico de la Universidad Autónoma de Puebla
푸에블라

프란치스코 하비에르 클라비헤로 식물원
Jardín Botánico Francisco Javier Clavijero
할라파

미국

노스캐롤라이나주립대학 JC 롤스턴 수목원
JC Raulston Arboretum at North Carolina State University
노스캐롤라이나주 롤리

뉴욕 식물원
New York Botanical Garden
뉴욕

라이언 수목원
Lyon Arboretum
하와이

롱우드 식물원
Longwood Gardens
펜실베이니아주 필라델피아

미국 국립수목원
The United States National Arboretum
워싱턴D.C.

미주리 식물원
Missouri Botanical Garden
일리노이주 세인트루이스

캘리포니아대학 식물원
University of California Botanical Garden
캘리포니아주 버클리

펜실베이니아대학 모리스 수목원
Morris Arboretum of the University of Pennsylvania
펜실베이니아주 필라델피아

하버드대학 아널드 수목원
The Arnold Arboretum at Harvard University
매사추세츠주 보스턴

하와이 열대식물원
Hawaii Tropical Botanical
하와이

호이트 수목원
Hoyt Arboretum
오리건주 포틀랜드

UC 데이비스 수목원과 공공 정원
UC Davis Arboretum and Public Garden
캘리포니아주 데이비스

벨기에

웨스펠라르 수목원
Arboretum Wespelaar
하흐트

캄트하우트 수목원
Arboretum Kalmthout
안트베르펜

테르뷔랑 수목원
Arboretum Tervuren
테르뷔랑

브라질

리우데자네이루 식물원
Jardim Botânico
리우데자네이루

스웨덴

웁살라대학 식물원
University of Uppsala Botanical Garden
웁살라

스페인

마스요안 수목원
Arboretum de Masjoan
지로나

알파구아라 수목원
Arboretum la Alfaguara
그라나다

싱가포르

싱가포르 식물원
Singapore Botanic Gardens
싱가포르

아랍에미리트

샤르자 식물원
Sharjah Botanical Gardens
샤르자

아르헨티나

그리가달레 수목원
Grigadale Arboretum
부에노스아이레스

부에노스아이레스 식물원
Buenos Aires Botanical Garden
부에노스아이레스

영국

베지버리 국립 소나무재배원과 숲
Bedgebury National Pinetum and Forest
켄트주 베지버리

애브니 파크 수목원
AbneyPark Arboretum
런던

에든버러 왕립식물원
Royal Botanic Gardens
에든버러

웨스턴버트 수목원
Westonbirt Arboretum
글로스터셔주 웨스턴버트

첼시 약용식물원
Chelsea Physic Garden
런던

큐 왕립식물원
Royal Botanic Gardens at Kew
런던

해럴드 힐리어 식물원과 수목원
Sir Harold Hillier Gardens and Arboretum
햄프셔주 롬지

오만

오만 식물원
Oman Botanic Garden
무스카트

오스트리아

빈대학 식물원
Universität Wien Botanischer Garten
빈

이스라엘

예루살렘 식물원
Jerusalem Botanical Garden
예루살렘

이탈리아

파도바 식물원
Orto Botanico di Padova
파도바

한부리 식물원
Giardini Botanici Hanbury
리구리아 라모르톨라

중국

베이징 식물원
Beijing Botanical Garden
베이징

상하이 식물원
Shanghai Botanical Garden
상하이

쿤밍 식물원
Kunming Botanical Garden
쿤밍

체코공화국

멘델대학 식물원과 수목원
Botanical Garden and Arboretum of Mendel University
브르노

칠레

칠레 아우스트랄대학 식물원
Jardín Botánico de la Universidad Austral de Chile
발디비아

캐나다

몬트리올 식물원
Jardin Botanique de Montréal
몬트리올

브리티시컬럼비아대학 식물원
University of British Columbia(UBC) Botanical Garden
밴쿠버

온타리오 로열식물원
Royal Botanical Gardens Ontario
벌링턴

포르투갈

부사코 포레스트–부사코 국유림
Buçaco Forest–Mata Nacional do Buçaco
루소

폴란드

보이스와비체 수목원
Wojsławice Arboretum
보이스와비체

쿠르니크 수목원
Kórnik Arboretum
쿠르니크

프랑스

그랑브뤼예 수목원
Arboretum des Grandes Bruyères
오를레앙

바르 국립수목원
L'Arboretum National des Barres
몽타르지

발렌 수목원
Arboretum de Balaine
오베르뉴

호주

갤럽 식물보호구역
Gallop Botanic Reserve
퀸즐랜드주 쿡타운

국립수목원
The National Arboretum
캔버라

빅토리아 왕립식물원
Royal Botanic Gardens Victoria
멜버른

시드니 왕립식물원
Royal Botanic Gardens Sydney
뉴사우스웨일스주 시드니

태즈메이니아 수목원
The Tasmanian Arboretum
태즈메이니아주 대번포트

홍콩

싱문 수목원
Shing Mun Arboretum
홍콩

색인

케빈 홉스가 전하는 감사의 말

식물고고학, 식물학, 과수재배학에 온 힘을 다해 헌신하는 많은 분에게 감사드립니다. 큐 왕립식물원, IUCN 적색 목록, 에덴 프로젝트, 왕립원예학회의 제임스 아미티지, 내 평생의 스승인 로이 랭커스터 CBE, VMH에게 감사를 전합니다. 내가 손으로 쓴 원고를 타이핑해준 제니, 내게 지지와 격려를 아끼지 않은 가족, 친구들에게 감사합니다. 이 책의 출판을 도와주신 모든 분, 특히 나를 이 작업에 참여시킨, 식물을 공부하며 처음 만나 지금껏 우정을 이어가고 있는 친구 데이비드 웨스트와 나무를 예찬하는 이 책의 작업에 합류해준 에덴 프로젝트의 알렉산드라 웨그스태프 박사에게 감사드립니다.

데이비드 웨스트가 전하는 감사의 말

편집자, 디자이너, 삽화가, 나를 격려해주고 원고를 꼼꼼하게 읽고 점검해준 아내 피오나에게 감사합니다. 이 책을 쓰는 동안 나의 빈자리를 잘 견뎌준 가족에게도 감사합니다. 나의 열정을 책으로 옮길 기회를 준 케빈 홉스, 이 책을 가능하게 해준 마크 플레처에게 큰 감사를 전합니다. 우리가 함께한 스토리텔링 여행을 완벽하게 요약하는 멋진 서문을 써준 알렉산드라에게 특별한 감사를 표합니다. 내가 처음 경험을 쌓으며 나무에 관한 관심을 키웠던 힐리어 육종원과 마음껏 열정을 발휘할 수 있는 최고의 나무 연구실이 되어준 해럴드 힐리어 식물원에게도 감사합니다. 끊임없이 영감과 용기를 주는 로이 랭커스터에게 특히 감사드립니다.

케빈 홉스 Kevin Hobbs는 원예업계에 30년 이상의 경력을 지닌 전문 재배인, 원예가다. 세계적으로 유명한 영국 햄프셔의 힐리어 육종원Hillier Nurseries에서 연구개발부장을 지냈고 지금은 새로운 식물을 개발하는 웨트먼 플랜츠 인터내셔널Whetman Plants International에서 일하고 있다. 프로그모어 하우스Frogmore House에서 여왕을 위해 자문했고 피에트 우돌프Piet Oudolf가 설계한 2012 올림픽 공원의 식물을 재배했다.《힐리어의 정원사를 위한 안내서: 다년생 식물The Hillier's Gardener's Guides: Herbaceous perennials》을 공동 집필했다.

35년째 나무를 키우고 있는 **데이비드 웨스트**David West는 힐리어 육종원에서 교육을 받은 자칭 나무 사랑꾼이다. 희귀한 나무와 특이한 식물의 상업적 생산을 전문으로 하는 육종 사업체를 직접 운영하고 있다. 그의 통신판매 웹사이트 PlantsToPlant.com은 '생산을 통한 보전'과 사람들이 진귀한 식물에 좀 더 쉽게 다가갈 수 있게 도움을 주는 것을 목표로 한다.

옮긴이 김효정
연세대학교에서 심리학과 영문학을 전공했다. 글밥 아카데미 수료 후 현재 바른번역 소속 번역가로 활동하고 있다. 옮긴 책으로는《내가 하늘에서 떨어졌을 때》,《킨포크》,《현대미술 글쓰기》등이 있다.